氮杂环类
含能燃烧催化剂的
构筑与性能

CONSTRUCTION AND PROPERTIES OF
NITROGEN HETEROCYCLIC ENERGETIC COMBUSTION CATALYSTS

李冰 著

化学工业出版社
· 北京 ·

内容简介

本书在总结氮杂环类含能配合物发展的基础上，结合作者科研团队近几年在含能燃烧催化剂方面的研究成果，系统介绍了吡唑、三唑、四唑类含能配合物研究现状、意义及构效关系，并对 3- 氨基吡唑 -4- 羧酸、3- 氨基 -1,2,4- 三唑 -5- 羧酸和 1H- 四唑 -5- 乙酸三类金属配合物燃烧催化剂的合成、晶体结构、热分解行为、应用性能、催化机理等进行了深入研究，阐释了氮杂环类含能化合物设计、构筑的科学意义和应用价值。

本书可供含能材料及其相关领域的研究人员和高等院校相关专业研究生阅读参考。

图书在版编目（CIP）数据

氮杂环类含能燃烧催化剂的构筑与性能 / 李冰著.
北京 ：化学工业出版社，2025. 6. — ISBN 978-7-122 -47829-0

Ⅰ．O643.36

中国国家版本馆CIP数据核字第2025TZ9941号

责任编辑：提　岩　旷英姿
文字编辑：段曰超　师明远
责任校对：边　涛
装帧设计：王晓宇

出版发行：化学工业出版社
　　　　　（北京市东城区青年湖南街 13 号　邮政编码 100011）
印　　装：北京盛通数码印刷有限公司
710mm×1000mm　1/16　印张 10　字数 173 千字
2025 年 8 月北京第 1 版第 1 次印刷

购书咨询：010-64518888　　　　　售后服务：010-64518899
网　　址：http://www.cip.com.cn
凡购买本书，如有缺损质量问题，本社销售中心负责调换。

定　　价：78.00元　　　　　　　　版权所有　违者必究

火箭等系统推进剂的燃烧性能与其飞行速度、弹道性能及工作稳定性密切相关，燃烧催化剂是推进剂的核心功能组分之一，在调节固体推进剂燃速、控制能量释放等方面起到重要作用。

本书围绕新型氮杂环类含能燃烧催化剂的设计、构筑、结构及在推进剂中的应用展开详细论述。在介绍多种杂环类含能材料结构的同时，重点讨论了其在固体火箭推进剂主要组分中的燃烧性能模拟及应用。

本书在总结氮杂环类含能配合物发展的基础上，结合作者科研团队近几年在含能燃烧催化剂方面的研究成果，系统介绍吡唑、三唑、四唑类含能配合物研究现状、研究意义及构效关系，深入探讨三类含能金属配合物燃烧催化剂的合成、晶体结构、热分解行为、应用性能及催化机理等，阐释氮杂环类含能化合物设计、构筑的科学意义和应用价值，为安全、绿色、高能、钝感和高密度等含能燃烧催化剂的研发提供技术支撑。

本书主要内容包括：以 3- 氨基吡唑 -4- 羧酸（H_2apza）、3- 氨基 -1,2,4- 三唑 -5- 羧酸（H_2atzc）和 $1H$- 四唑 -5- 乙酸（H_2tza）为能量配体，在计算化学的辅助指导下，利用溶液挥发法和水热法等合成了 21 种新型系列含能配合物，利用 X 射线单晶衍射、红外光谱、元素分析、热重等方法对结构进行表征；在非等温条件下，利用差式扫描量热技术（DSC）探究配合物的热分解动力学性能，确定了非等温条件下的反应动力学参数 [表观活化能（E_a）、指前因子（A）] 以及热分解反应机理函数、热力学参数 [活化焓（ΔH）、吉布斯自由能（ΔG）和活化熵（ΔS）]；利用密度泛函理论（DFT）计算了相关配合物的爆炸热（ΔH_{det}）、爆速（D）和爆压（P）等爆轰参数；利用 BAW 落锤方法测试配合物的撞击感度（IS）和摩擦感度（FS）；探究了这些含能配合物催化推进剂的主要组分高氯酸铵（AP）热分解过程中的影响，分析了相关机理和构效关系，对氮杂环类含能燃烧催化剂的设计、制备规律进行了初步研究。

本书由李冰著，宁夏大学研究生高学智、武焕平、梁家维进行了大量的实验工作，付守凤、杨晨曦、杨燕红参与了文字编写及校对工作。本书得到了宁夏大学化学工程与技术"双一流"学科建设经费支持，在此一并致以诚挚的感谢！

本书在撰写过程中参考了国内外大量文献资料，在此向相关著作者表示由衷的感谢！由于作者水平所限，书中难免有不足之处，敬请广大读者批评指正。

李 冰

2025年2月于宁夏大学知化楼

目录 — Contents

第 **4** 章

氮杂环稀土含能配合物的
制备、表征及性能研究

123~150

第 5 章

总结

第 **1** 章

绪论

作为导弹、火箭等系统的动力源，推进剂的燃烧性能直接影响其射程和燃速[1,2]。燃烧性能是固体推进剂的重要指标，与飞行速度、弹道性能及工作稳定性密切相关，对推进剂燃烧性能的调节是实现其工程化应用的必要途径。作为固体推进剂的核心功能组分之一，燃烧催化剂通过改变推进剂的燃烧波结构，在调节固体推进剂燃速、控制能量释放等方面起到重要作用[3,4]。

金属氧化物[5,6]是一类研究较早的惰性燃烧催化剂，主要包括 $NdCrO_3$、$NdCoO_3$、$ReCrO_3$（Re=Y, Sm, Er）、CuO、Co_3O_4、Fe_2O_3 等[7]。这些金属氧化物催化剂对含能材料的热分解反应具有显著的催化效果，能够降低分解温度，提高分解速率和放热量。然而，它们也存在一些缺点：金属氧化物催化剂在催化过程中容易发生团聚，导致催化剂的比表面积减小，活性位点减少，从而降低催化效率[8]；部分金属氧化物催化剂在高温下可能会发生结构变化或分解，导致催化活性降低[9]；部分金属氧化物催化剂在催化高氯酸铵（AP）分解时可能对其他组分也存在催化作用，导致产物选择性降低[10]。相比之下，含能配合物不仅金属中心呈现高度分散状态且种类繁多，还拥有出色的稳定性和较高的生成焓[11]。此外，含能配合物在催化燃烧过程中能够原位生成金属氧化物或金属-碳基复合材料，这些产物本身也可能是高效的燃烧催化剂。鉴于这些独特优势，含能配合物被视为燃烧催化剂极具潜力的候选物。

含能燃烧催化剂是指在有机金属盐催化剂分子中引入—NO_2、—N_3、—N＝N—、—C＝N 等含能基团制备得到的含能化合物或配合物。因其自身含有大量生成焓较高的能量基团，在调节推进剂燃烧性能的同时，还可以降低惰性组分添加造成的能量损失，对改善固体推进剂的综合性能具有重要作用。其合成及应用受到了国内外学者的普遍重视，也是当前固体推进剂燃烧催化剂的主要发展方向之一[12,13]。

含能燃烧催化剂，从含能基团上进行区分，可分为唑类、嗪类、二茂铁类、蒽醌类、石墨烯类及硝基类含能化合物等；从结构上区分，可分为含能配合物及含能离子盐等。

理想的含能燃烧催化剂除了具有高能量密度外，还应表现出低感度、热稳定性好等特点[14-16]，基于富氮杂环配体构筑具有可控结构的含能燃烧催化剂是目前的研究热点[17-20]。根据配位化学原理，可从金属离子的配位构型及能量杂环配体的配位模式出发来设计组装出具有不同维度（0D、1D、2D 或 3D）的含能配合物。其中，无机金属组分具有催化能力强、密度高、机械硬度大、热稳定性好等特点，而有机含能组分则可提供能量来源、调节结构及性能的优势[21]，从而实现二者的协同作用。此外，还可通过温度、溶剂效应、

pH、模板、化学计量比以及客体分子等因素来调控含能配合物的结构框架和尺寸[22,23]。因此，含能配合物的设计理念为含能燃烧催化剂的发展提供了一个新的平台。

1.1
含能燃烧催化剂的进展

含能材料是一类含有爆炸性基团或含有氧化剂等能够发生化学反应并释放出大量能量的化合物或混合物，广泛用于军事、民用等领域，是炸药、火箭推进剂配方的重要组成部分，也是含能燃烧催化剂的重要来源[24-26]。

黑火药的出现，开启了含能材料的研究。19 世纪初，人们开始寻求爆炸威力更大的炸药，硝化甘油、硝化纤维等[27]合成炸药相继被研发出来。随后，由于战争和民用的大量需求，科学家开始探求爆炸性能更好的炸药，19 世纪末至 20 世纪 60 年代，三硝基甲苯（TNT）等第一代单质含能材料，高爆炸热为主的黑索今（RDX）、奥克托今（HMX）等第二代含能材料被研发应用（图 1-1），其中硝基的引入可以增加炸药的能量。但以六硝基六氮杂异伍兹烷（CL-20）为主的多硝基含能材料的机械感度随着爆炸威力的增加而急剧上升，导致其安全性降低。因此，含能材料的能量水平与稳定性之间的平衡调节，严重影响了含能材料的发展[28,29]。20 世纪 80 年代，科学家研制了以安全性为主的高能钝感炸药三氨基三硝基苯（TATB），在一定程度上实现了高能和钝感的平衡。

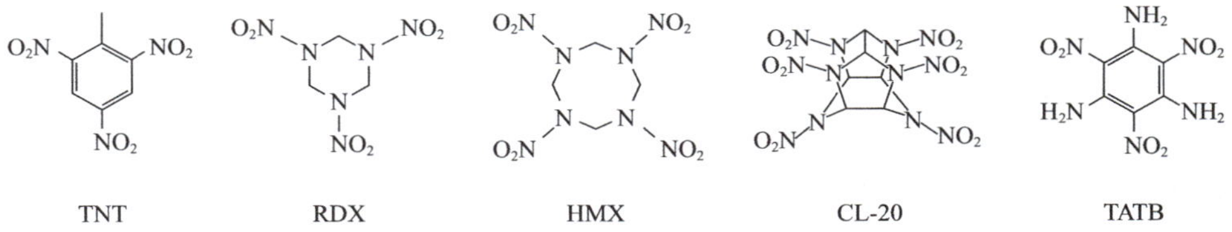

| TNT | RDX | HMX | CL-20 | TATB |

图1-1 传统含能材料结构图

为了探究催化性能更为优异的含能材料，调节含能材料内部能量、机械感度和稳定性之间的关系是当前研究的主要方向[30]。在此基础上添加不同的含能基团（硝基、氨基、叠氮基等）可以达到高能量水平，出现了一些以唑类、嗪类等为主的新型杂环含能材料制备的研究[31-34]。研究人员在探索新型含能材料中引入配位化学理念，将富氮有机配体与金属离子通过配位键、氢键、π-π 堆积等作用力而形成具有周期性排列含能金属有机框架材料（EMOFs），其具有稳定的几何拓扑结构，可调控的敏感性和爆轰性能[35,36]。因此，利用金属有机框架良好的热稳定性和结构多样性调节含能材料能量与感度之间的矛盾，为提高含能材料的爆轰性能提供新的研究思路。

1.2
氮杂环类配体的配位化学

杂环类金属含能材料具有稳定的骨架结构，含有大量的 C—N、C＝N、N—N 和 N＝N 等能量键，可以提高配合物的正生成焓。同时，富氮杂环结构相对稳定，通常对静电、摩擦和撞击不敏感，其与金属离子杂化构筑的含能配合物具有密度增大、稳定性增强、灵敏度降低的特点。常用的富氮杂环配体有吡唑、咪唑等二唑类化合物以及三唑、四唑、三嗪和四嗪（图 1-2）等[37-39]。

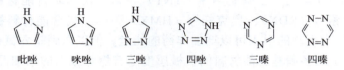

吡唑　　　咪唑　　　三唑　　　四唑　　　三嗪　　　四嗪

图1-2　常见的杂环化合物

1.2.1　氮杂环类含能配合物的研究进展

1.2.1.1　二唑类含能配合物的研究进展

吡唑、咪唑等二唑环上的氮原子能够提供丰富配位点，其既可以作为中性分子参与配位，同时还可以作为质子给体或受体形成氢键来构筑高维超分子结构[40]，提高配合物的热稳定性[41]。在吡唑上引入设定的官能团可以调节吡唑的配位能力以及能量特性。而金属离子参与配位也可在增加配合物密度的同时，降低配合物的机械感度，有望实现含能材料的高能与钝感的要求[42]。

Arda Atakol 等[43] 合成了两种含能配体双 -2,6(吡唑 -1- 基) 吡啶（pp）和双 -2,6(3,5- 二甲基吡唑 -1- 基) 吡啶（dmpp），并与多种 Ag（Ⅰ）盐合成了六种含能配合物 [Ag(pp)(NO₃)] (**1**)、[Ag(dmpp)(NO₃)] (**2**)、[Ag(pp)(ClO₃)] (**3**)、[Ag(dmpp)(ClO₃)] (**4**)、[Ag(pp)(ClO₄)] (**5**) 和 [Ag(dmpp)(ClO₄)] (**6**)。随着阴离子中氧原子数量的增加，配合物的热分解温度、反应焓和质量损失都有所升高。这对设计新型含能配合物及解释热行为差异具有重要参考价值（图 1-3）。

X=Y=H　双-2,6(吡唑-1-基)吡啶(pp)
X=Y=CH₃　双-2,6(3,5-二甲基吡唑-1-基)吡啶(dmpp)

X=Y=H	A=NO₃	[Ag(pp)(NO₃)](1)
X=Y=CH₃	A=NO₃	[Ag(dmpp)(NO₃)](2)
X=Y=H	A=ClO₃	[Ag(pp)(ClO₃)](3)
X=Y=CH₃	A=ClO₃	[Ag(dmpp)(ClO₃)](4)
X=Y=H	A=ClO₃	[Ag(pp)(ClO₄)](5)
X=Y=CH₃	A=ClO₃	[Ag(dmpp)(ClO₄)](6)

图1-3　pp及dmpp配体及其配合物的通式

　　张建国等[44]以1-氨基-1H-吡唑-5-甲酰肼（1-APZ-5-CA）为配体与Ag（Ⅰ）合成了含能配合物 [Ag(1-APZ-5-HCA)(ClO₄)₂]$_n$ (**1**)。该配合物 L1 和 L2 形成相同方向的螺旋链，而 L3 在垂直方向形成二维平面（图1-4）。正是这种独特的二维结构，有利于达到氧平衡（+3.56%），降低对机械刺激的敏感性（IS=8J、FS=64N）。激光点火性能评估表明，该配合物可以用较低的激光能量阈值（P=40W，τ=2ms，E=80mJ）点燃，铅板穿透测试的结果表明配合物具有良好的爆炸特性。

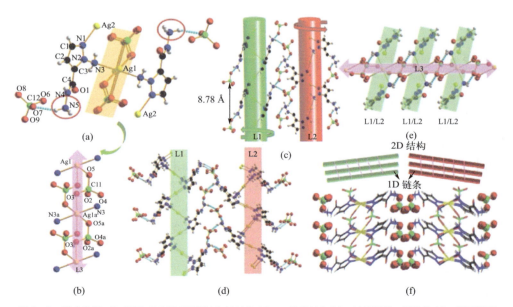

图1-4　配合物[Ag(1-APZ-5-HCA)(ClO₄)₂]$_n$的结构(a)；一维链结构(b)；其他链的一维结构(c)；基于游离[ClO₄]的配合物结构(d)；基于层状结构中配位的[ClO₄]的氢键(e)；整体结构的3D(f)

汪营磊等[45] 以 4- 氨基 -3,5- 二硝基吡唑（AD-NP）为原料合成了 [Cu(adnp)₂ (H₂O)₂]，其可使黑索今（RDX）的热分解峰温降低 4.9℃，可使硝化棉（NC）的热分解峰温降低 6.5℃。同时该配合物对双基系推进剂燃烧有较好的催化作用，可使双基推进剂在 2～6MPa 低压范围内出现明显的超速燃烧现象，催化效率在 1.83 以上，在 6～10MPa 压力范围内表现为"麦撒"燃烧。当在 RDX 推进剂中加入 [Cu(adnp)₂(H₂O)₂] 时，可在 2～6MPa 范围内产生明显增速现象，6～10MPa 压力范围内 n 为 0.24，表现为平台燃烧。该铜基金属化合物优异的催化性能可能与其结构中较多能量基团相关，这些能量基团在低压下和 NC 相互作用，加快了两者的分解和燃烧，进而达到提高燃速的目的（图 1-5）。

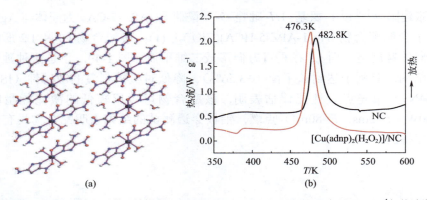

(a)　　　　　　　　　　　　(b)

图1-5 [Cu(adnp)₂(H₂O)₂] 堆积结构（a）；NC 和 [Cu(adnp)₂(H₂O)₂]/NC 在 10K·min⁻¹ 加热速率下的 DSC 曲线（b）

张同来等[46] 以咪唑和叠氮化钠作为配体，与 Cd（Ⅱ）合成了一维的含能配合物 [Cd(IMI)₂(N₃)₂]ₙ，其含氮量为 42.11%，差示扫描量热（DSC）研究表明该配合物在 417.7℃完全分解，具有良好的稳定性，活化能为 171.1kJ·mol⁻¹，燃烧热和生成热分别为 11.42MJ·kg⁻¹ 和 42.52kJ·mol⁻¹，但撞击感度较低，是一种毒性较低的含能添加剂，可用于提高传统含能材料和推进剂配方的爆炸性能（图 1-6）。

张超等[47] 研究了咪唑类含能有机铅盐（E-Pb）与炭黑（CB）复配催化体系对黑索今 - 复合改性双基推进器（RDX-CMDB）燃烧性能的影响，E-Pb（1.5%）可使推进剂在 10MPa 下的燃速由 11.74mm·s⁻¹ 提升至 25.36mm·s⁻¹，提高了 116%。与炭黑复配后在 4～17MPa 范围内呈现"宽平台"燃烧，压力指数（n）低于 0.25。相较于惰性 β-Pb，E-Pb 的催化效率更高，这是由于 E-Pb 在催化过程中分解成活性物质（NO/ NO₂），可进一步促进推进剂燃烧过程中的放热反应，加快反应速率。

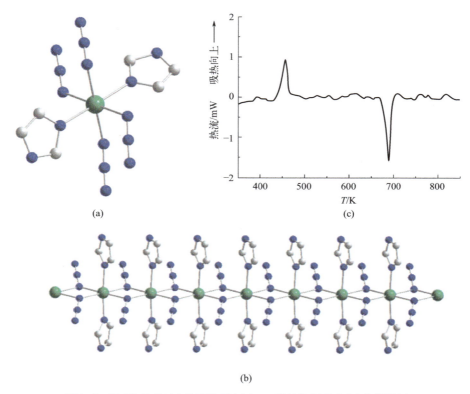

图1-6 [Cd(IMI)$_2$(N$_3$)$_2$]$_n$ 的配位环境(a)，一维结构(b)和DSC曲线图(c)

钟野等[48]以1-乙基咪唑（E1M1）、二氰胺（DCA）和多种过渡金属盐合成了系列含能配合物 M(E1M1)$_4$(DCA)$_2$（M=Mn、Co、Ni 或 Cu）（图1-7），其中 Mn 基化合物的峰温效果最明显且释放出大量热量，因此其对高氯酸铵（AP）催化效果最佳。该团队[49]还合成了双配体的 [Cu(MIM)$_2$(AIM)$_2$](DCA)$_2$（MIM=1-甲基咪唑，AIM=1-烯丙基咪唑），与单配体铜盐相比，混配配合物具有更好的催化效果，可能与不同配体在分解过程中的相互作用有关，产生的多种中间体引发双配体的协同作用，进而提升对 AP 热分解的催化效率。

杨奇等[50]以"V"型刚性能量配体 4,5-二四唑基咪唑（H$_3$BTI）得到了一例 3D 无溶剂含能金属有机框架（EMOFs）材料 [Pb(H$_3$BTI)]$_n$，其生成焓高达 1950.22kJ·mol^{-1}，热分解温度为 325℃，同时对高氯酸铵（AP）的热分解具有良好的催化作用。杨奇等[51]还用硝酸盐部分替代水分子合成了两例 Cu 的配位聚合物 [Cu(HBTI)(H$_2$O)]$_n$ (1) 和 [Cu(H$_2$BTI)(NO$_3$)]$_n$ (2)（图1-8），可进一步提高爆轰性能及密度，并使 AP 的放热量增加。

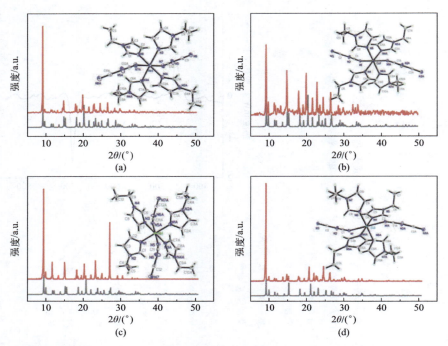

图1-7 配合物 Mn(E1M1)$_4$(DCA)$_2$(a)、Co(E1M1)$_4$(DCA)$_2$(b)、Ni(E1M1)$_4$(DCA)$_2$(c)、
Cu(E1M1)$_4$(DCA)$_2$(d)的 XRD 图谱和分子结构

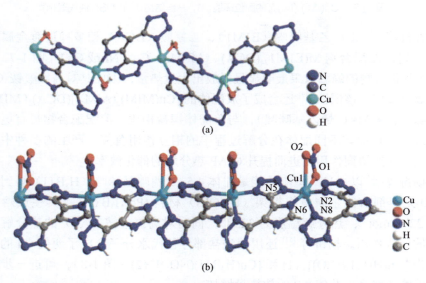

图1-8 配合物 [Cu(HBTI)(H$_2$O)]$_n$(a) 和 [Cu(H$_2$BTI)(NO$_3$)]$_n$(b) 的一维结构

成健等[52]研究了 2,4- 二硝基咪唑含能锂盐（Li-DNI）与高氯酸铵的相互作用，发现两者可相互催化，AP 可加速 Li-DNI 的热分解，使其剧烈分解阶段的峰温降低 19.9℃，而 Li-DNI 可使 AP 的分解峰温提前，表观活化能降低，且放热量增加（图 1-9）。

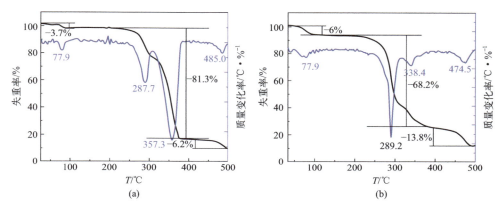

图1-9 AP/Li-DNI(质量比9∶1)(a), AP/Li-DNI(质量比5∶5)(b)的TG-DTG曲线

由上可知，以吡唑和咪唑衍生物等二唑类为配体合成的含能金属配合物，对黑索今（RDX）及高氯酸铵（AP）的热解有良好的催化作用，对 RDX 提高燃速和形成宽平台燃烧有较好的作用，在低压下表现出超速燃烧，有利于降低压力指数。

1.2.1.2 三唑类含能配合物的研究进展

三唑类化合物属于五元氮杂环化合物，三唑环上的 N 原子具有丰富的配位模式，其自身可以作为中性分子进行配位，也可通过改变 pH、温度等因素使其质子化，作为阴离子进行配位，并且三唑上的氮原子容易形成配位键和氢键（图 1-10），有利于提高化合物的热稳定性，降低敏感度[53,54]。另外三唑环也可被 NH_2、COOH、NO_2 等基团修饰，进而得到具有独特性质（磁性、荧光、吸附、含能、抑菌等）的配合物[55-57]。例如引入氨基可以增加氮含量，而羧基上的氧原子可以使配合物更加接近于氧平衡，进而使配合物在含能材料方面有潜在的应用。

陈小明等[58]以 3,5- 二甲基 -1,2,4- 三唑（Hdmtz）为配体，合成四种配位聚合物 [Zn(dmtz)(HCOO)]·H_2O（MAF-X3）、[Zn(dmtz)(HCOO)]·(1/6Me₂NH)(1/4H₂O)（MAF-X4）、[Zn(dmtz)F]（MAF-X5）、[Zn(dmtz)F]（MAF-X6），配体 dmtz⁻ 都采用三齿桥联模式进行配位，配合物 MAF-X3 形成二维网状结构，即（4.8²）拓扑

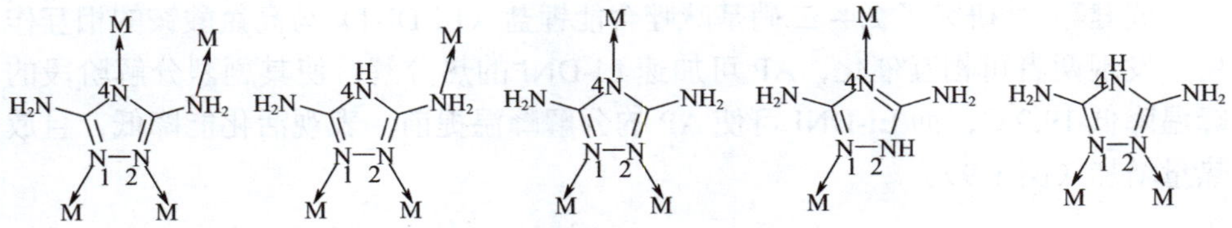

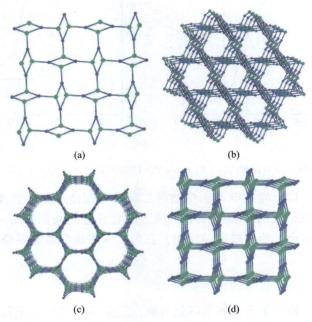

图1-10 1,2,4-三唑的配位模式

图1-11 MAF-X3的拓扑结构(a)、MAF-X4(b)、MAF-X5(c)、MAF-X6(d)的三维结构

结构，配合物 MAF-X4、MAF-X5、MAF-X6 都形成三维网状结构，即（4.12^2）、（8^3-b）、（8^3-b）拓扑结构（图 1-11）。由于它的拓扑结构决定配合物可以被应用于气体吸附，吸附试验探究表明配合物 MAF-X4 与 MAF-X5 有孔洞，对 CO_2 具有选择性吸附性能。

张同来等[59]合成了一例含能配合物 [Zn(ATZ)$_3$(PA)$_2$·2.5H$_2$O]$_n$（ATZ=4-氨基-1,2,4-三唑，PA= 苦味酸），其含氮量达到 30.77%。其中，ATZ 中 N1 与 N2 采用双齿螯合模式进行配位形成 1D 链状结构（图 1-12）。该配合物的撞击感度是 27.8J，燃烧热为 −11.30MJ·kg^{-1}，高于传统的含能材料 RDX（−9.60MJ·kg^{-1}）和 HMX（−9.88MJ·kg^{-1}），在含能材料领域有潜在应用。

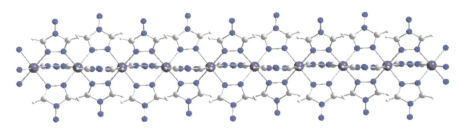

图1-12 配合物 $[Zn(ATZ)_3(PA)_2 \cdot 2.5H_2O]_n$ 的一维链状结构

刘翔宇等[60] 利用 3- 四唑基 -1*H*- 三唑（H_2tztr）与 Cu(Ⅱ)/Cu(Ⅰ) 合成系列含能配合物 $[Cu(Htztr)_2(H_2O)_2]_n$**(1)**，$\{[Cu(tztr)] \cdot H_2O\}_n$**(2)**，$[Cu(Htztr)]_n$**(3)**，配合物 $[Cu(Htztr)_2(H_2O)_2]_n$**(1)** 通过双齿螯合形成零维结构，进一步通过氢键形成三维结构。配合物 $\{[Cu(tztr)] \cdot H_2O\}_n$**(2)** 中 tztr^{2-} 采用单齿桥联与双齿螯合配位模式，形成三维孔洞结构，内含游离的水分子。配合物 $[Cu(Htztr)]_n$**(3)** 通过单齿桥联模式形成二维层状结构，然后通过氢键形成三维超分子结构（图 1-13）。它们的分解温度分别是 345℃、325℃、355℃，具有高的热稳定性；撞击感度分别是 40J、40J、32J，具有低的敏感度；爆炸热分别是 2.13kcal·g^{-1}、1.32kcal·g^{-1}、3.96kcal·g^{-1}❶，具有良好的爆轰性能。

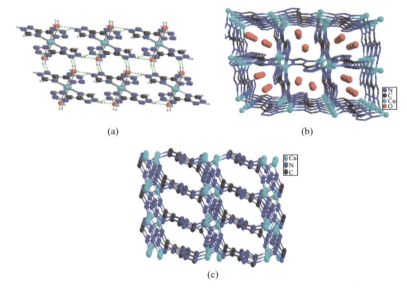

(a)

(b)

(c)

图1-13 配合物 $[Cu(Htztr)_2(H_2O)_2]_n$(a)、$\{[Cu(tztr)] \cdot H_2O\}_n$(b)、$[Cu(Htztr)]_n$(c) 的三维结构

❶ 1kcal=4.19kJ，后同。

Seth 等[61] 以 5- 氨基 -3- 硝基 -1,2,4- 三唑（ANTA）为配体，通过溶剂热法合成两种含能配合物 ([Zn(ANTA)(OH)]$_n$(**1**)、[Co(ANTA)(OH)]$_n$(**2**)。两个配合物属于异质同晶结构，配体 ANTA 中的 N1、N4 采用双齿桥联配位模式，OH$^-$ 同样采用桥联模式配位，形成了二维层状结构（图 1-14）。它们的密度分别是 2.336g·cm^{-1}、2.297g·cm^{-3}，氧平衡为 −26.6%、−27.6%，展现出良好的热稳定性，分解温度分别是 310℃、330℃，高于配体的 225℃。两种配合物的撞击感度以高能化合物爆炸概率为 50% 的跌落高度 Dh$_{50}$ 来表示，分别为 217cm、94cm。由此得知，配合物 [Zn(ANTA)(OH)]$_n$ 表现为钝感，而配合物 [Co(ANTA)-(OH)]$_n$ 表现为敏感，主要是因为金属离子的电子构型对配合物的分解具有重要作用。

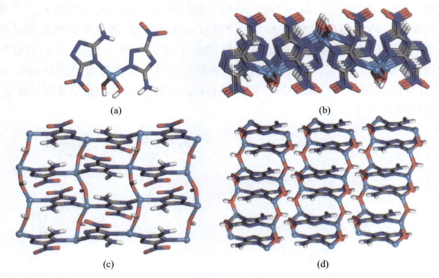

(a)　　　　　　　　　　　　(b)

(c)　　　　　　　　　　　　(d)

图1-14　配合物 Zn-ANTA 的配位结构(a)；Zn-ANTA 二维波纹网络(b)；二维层架构(c)；
二维层间的氢键作用(d)

李欣等[62] 以 4,5- 二（四唑基）-1,2,3- 三唑（H$_3$ddt）和 3,3′ - 二硝基 -5,5′ - 联 -1,2,4- 三唑（H$_2$dnbt）为配体合成了两个具有高热稳定性、钝感的含能铜盐聚合物 [Cu$_3$(ddt)$_2$(H$_2$O)$_2$]$_n$(**1**) 和 [Cu$_2$(dnbt)$_2$(H$_2$O)$_3$(CH$_3$OH)]·3H$_2$O(**2**)，对 AP 有较好的催化效果，且配合物 **2** 对二硝酰胺铵（ADN）具有很高的催化活性，使其分解峰温提前 19.2℃。

黄琦等[63] 采用溶剂热法和液体扩散法制备了三种新型一维含能配位聚合物（ECP），即 [Mn(BODDTO)(H$_2$O)$_4$]$_n$ (**1**)，[Zn(BODDTO)(H$_2$O)$_4$]$_n$ (**2**) 和 [Pb(BODDTO) -

$(\mathrm{H_2O})_4]_n$ **(3)**。采用热重分析仪研究了其热行为，配合物在分解温度高于 520K 时具有良好的热稳定性。此外，通过差热分析仪研究了化合物 **1** ～ **3** 催化高氯酸铵（AP）热分解的能力，AP 的高温分解峰温最多可降低 94.8K（如图 1-15）。因此三种化合物可能用作高能的 AP 分解催化剂。

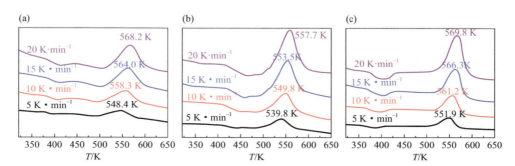

图1-15 配合物 [Mn(BODDTO)(H₂O)₄]ₙ(a)，[Zn(BODDTO)(H₂O)₄]ₙ(b) 和 [Pb(BODDTO)(H₂O)₄]ₙ(c) 的 DSC 曲线

李冰等[64] 以 3- 氨基 -1, 2, 4- 三唑 -5- 羧酸（Hatzc）为配体，采用溶剂蒸发法和扩散法分别合成了两例新型含能配合物 Mn(atzc)₂(H₂O)₂·2H₂O**(1)** 和 Zn(atzc)₂(H₂O)**(2)**。配合物 **1** 和 **2** 均为零维结构单元，通过氢键相互作用形成三维超分子结构（如图 1-16）。配合物 **1** 和 **2** 的爆速（D）分别为 10.4km·s⁻¹ 和

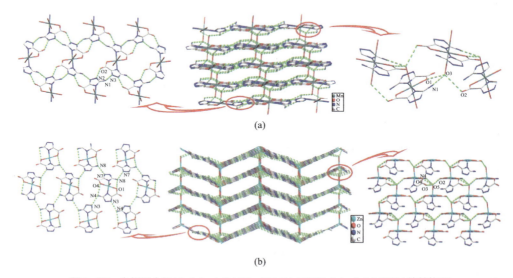

图1-16 含能配合物 Mn(atzc)₂(H₂O)₂·2H₂O(a) 和 Zn(atzc)₂(H₂O)(b) 的结构图

$10.2km \cdot s^{-1}$，爆压（P）分别为 48.7GPa 和 48.6GPa，高于大多数已报道的含能材料，呈现出优异的爆轰特性。此外，两种配合物均能加速 AP 的热分解，表现出良好的催化活性。

1.2.1.3 四唑类含能配合物的研究进展

四唑环具有 80% 左右的含氮量，本身具有良好的能量特性和热稳定性[65-67]。在四唑环上引入取代基团调节其能量特性和感度性质，在实现高能钝感的同时，可以满足作为优异的能量配体的要求，可以制备出结构丰富的金属含能材料[68]。四唑中的四个氮原子均可配位，提供更多的配位点，具有丰富的配位模式（图 1-17）。

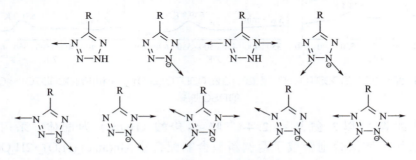

图1-17 四唑类含能配体的配位模式

Klapötke 等[69] 合成了 5-(5- 叠氮 -1H-1,2,4- 三唑 -3-) 四唑（AzTT），并以其作为能量配体与 Cu（Ⅰ）、Cu（Ⅱ）、Ag（Ⅰ）、K（Ⅰ）、Cs（Ⅰ）、铵和胍盐等金属或富氮盐合成了大量含能材料。通过对比发现，金属含能材料大部分是高度敏感的，而富氮盐类含能材料表现出敏感度惰性，这表明这些含金属的含能材料有成为爆炸物的潜力。

庞四平等[70] 以 4,5- 二 (1H- 四唑 -5- 基)-2H-1,2,3- 三唑（H$_3$dttz）作为能量配体，与锌盐合成了一例三维含能材料 [Zn(Hdttz)]-DMA（IFMC-1）（图 1-18）。该配体的含氮量高达 75.11%，分子有大量潜在 N 原子配位点，容易与金属反应形成沸石状结构。该配合物的热分解温度为 392.2℃，大于多数含能材料和传统含能材料（TNT，RDX，HMX 等）。同时，该配合物具有较大的爆炸热（5.62kcal·g^{-1}），是其配体的 5 倍以上。利用富氮配体制备沸石状含能材料的方法不仅可以增强材料的稳定性和爆炸热，还可以作为代替重金属炸药的候选材料。

陈三平等[71] 以 5- 甲基四唑为配体合成了一例三维网状含能配合物 [Cu$_4$Na-(Mtta)$_5$(CH$_3$CN)]$_n$（Mtta=5- 甲基四唑）。该含能配合物具有良好的热稳定性（分解峰温 T_{det}=335.3℃），此外，它的爆炸热（2.3657kcal·g^{-1}）也远高于大量一维

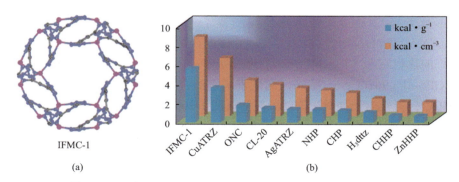

图1-18 配合物[Zn(Hdttz)]-DMA的配位环境(a)和爆炸热比较(b)

和二维含能配合物（图1-19）。该配合物的理论爆速和爆压分别为 7.225km·s^{-1} 和 24.43GPa，与二维的 MOF 材料 ZnHHP 接近，但机械感度较低，是一种潜在的耐热不敏感含能材料，其较高的热稳定性和较低的感度与其刚性的三维结构密切相关。

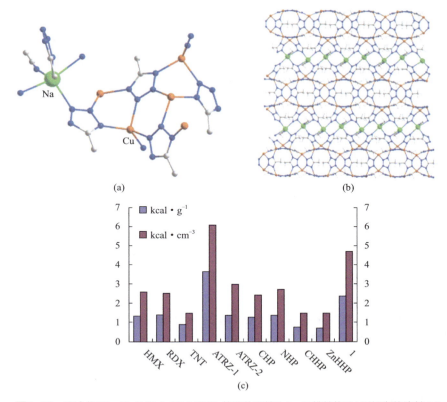

图1-19 配合物[Cu$_4$Na(Mtta)$_5$(CH$_3$CN)]$_n$的配位环境(a)，三维结构(b)和爆轰热比较(c)

彭汝芳等[72]通过一步水热反应制备了一例富氮的含能材料 Pb(bta)$_2$H$_2$O [H$_2$bta=N,N- 双 (1H- 四唑 -5- 基)- 胺]。该配合物具有较高密度（3.250g·cm^{-3}）和良好的热稳定性（T_{det}=341.7℃）。通过理论计算得到的爆炸压力和速度分别为43.47GPa 和 8.96km·s^{-1}。敏感性测试表明该配合物是一种对撞击不敏感的材料（IS>40J），可作为一种潜在的能量材料（图 1-20）。

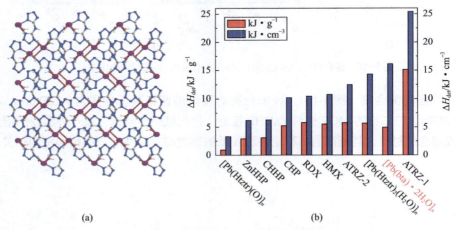

       (a)   (b)

图1-20　配合物 Pb(bta)$_2$H$_2$O 的三维结构 (a) 和爆轰热比较 (b)

李希[73]合成了一种新型的 Pb(Ⅱ) 含能配合物 {[Pb$_2$(HBTT)(O)(H$_2$O)]·H$_2$O}$_n$，它由 Pb(Ⅱ) 和 1,3- 双 (5- 四唑基) 三氮烯 (H$_3$BTT) 组装而成。通过感度测试可知，其对摩擦与撞击表现出了不敏感性，具有实用价值。同时其氮含量较低，因此其爆炸热小；而爆速与爆压则与配合物的密度息息相关，由于配合物密度较高，最终计算结果表明爆速接近于 10km·s^{-1}，爆压高于 60kPa，结构中存在的水分子会对爆速与爆压产生一定影响。

黄锦顺等[74]制备出两例同构的富含氮的四核金属复合物 [M(Hdtim)(H$_2$O)$_2$]$_4$（M=Zn 或 Mn；H$_3$dtim=1H- 咪唑 -4,5- 四唑，N 含量大于 46%）。结构分析表明，配合物 [Zn(Hdtim)(H$_2$O)$_2$]$_4$ 和 [Mn(Hdtim)(H$_2$O)$_2$]$_4$ 具有孤立的空心椭圆体四核单元，它们通过 π-π 相互作用连接起来，形成了三维超分子结构（图 1-21）。两个配合物表现出优异的能量特性：出色的引爆性能和可靠的热、撞击和摩擦不敏感性。作为富氮的配合物，[Zn(Hdtim)(H$_2$O)$_2$]$_4$ 和 [Mn(Hdtim)(H$_2$O)$_2$]$_4$ 的燃烧焓分别为 −11.57kJ·g^{-1} 和 −12.18kJ·g^{-1}，高于 RDX 和 HMX 等经典高能量密度材料（EMs）。两个配合物具有高的正生成焓，对外部机械作用不敏感，有望成为具有潜在应用价值的 EMs。

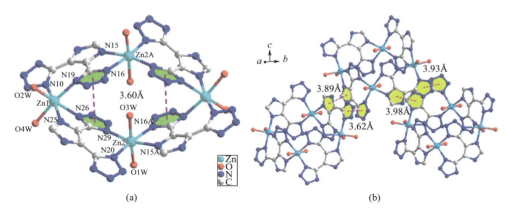

图1-21 [M(Hdtim)(H$_2$O)$_2$]$_4$的配位环境(a)和三维结构(b)

陆明等[75]利用 N,N- 双 (1H- 四唑 -5- 基)- 胺（H$_2$bta）和 3-(1H- 四唑 -5- 基)-1H- 三唑（H$_2$tztr）为能量配体成功制备了一系列高能金属有机框架含能材料 [Ag(Mtta)]$_n$(1)、[Cd$_5$(Mtta)$_9$]$_n$(2)、[Pb$_3$(bta)$_2$(O)$_2$(H$_2$O)]$_n$(3) 和 [Pb(tztr)$_2$(H$_2$O)]$_n$ (4)。其 中 配 合 物 [Ag(Mtta)]$_n$(1) 和 [Pb(tztr)$_2$(H$_2$O)]$_n$(4) 都 由 网 状 的 二 维 层 组成，通过相邻层配体之间的 π-π 重叠作用连接起来，形成三维超分子结构。相比之下，配合物 [Cd$_5$(Mtta)$_9$]$_n$(2) 和 [Pb$_3$(bta)$_2$(O)$_2$(H$_2$O)]$_n$(3) 是 三 维 框 架 结 构。配合物 [Ag(Mtta)]$_n$(1)、[Cd$_5$(Mtta)$_9$]$_n$(2) 和 [Pb(tztr)$_2$(H$_2$O)]$_n$(4) 的 分 解 温 度 分 别达到 354℃、389℃和 372℃。敏感性测试显示，所有的配合物都是极其不敏感的。爆轰性能测试中，配合物 [Pb(tztr)$_2$(H$_2$O)]$_n$(4) 的 性 能 最 好，爆 炸 热 为 0.634kcal·g^{-1}，爆 炸 速 度 为 6.283km·s^{-1}，爆 炸 压 力 为 20.81GPa，爆 炸 速 度 与 TNT 相当（图 1-22）。

张同来等[76]构筑了以双（四唑）甲烷（H$_2$btm）为能量配体，以 Cu（Ⅱ）和 Mn（Ⅱ）为中心离子的含能配合物 {(NH$_3$OH)$_2$[Cu(btm)$_2$]}$_n$(1) 和 {(NH$_3$OH)$_2$[Mn(btm)$_2$]}$_n$(2)（图 1-23）。两种配合物都呈现出二维的层状结构，具有较高的热分解温度（>200℃）。其中，配合物 {(NH$_3$OH)$_2$[Cu(btm)$_2$]}$_n$ 的分解峰温延后为 T_{det}=230.3℃，超过了大量已知的含 NH$_3$OH$^+$ 的配合物。它们还具有很高的能量密度，特别是配合物 {(NH$_3$OH)$_2$[Cu(btm)$_2$]}$_n$ 具有很高的燃烧热（11447kJ·kg^{-1}）和爆炸热（713.8kJ·mol^{-1}），超过了目前使用的有机炸药。配合物 {(NH$_3$OH)$_2$[Mn(btm)$_2$]}$_n$ 是一种不敏感的高能量密度材料（IS>40J；FS>360N；EDS>20J），而配合物 {(NH$_3$OH)$_2$[Cu(btm)$_2$]}$_n$ 可归类为敏感的高能材料（IS=13J；FS=216N；EDS=10.25J），它们在不同领域有多样化应用。

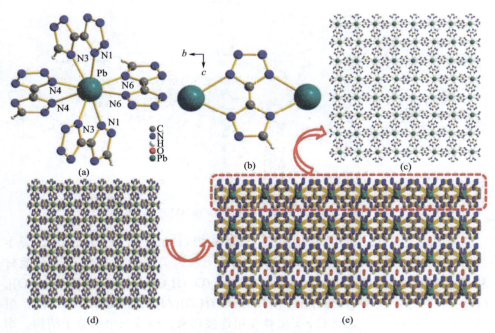

图1-22 [Pb(tztr)$_2$(H$_2$O)]$_n$(4)Pb(Ⅱ)的配位环境(a); 配体tztr的配位模型(b); [Pb(tztr)$_2$(H$_2$O)]$_n$(4)的二维平面图(c); [Pb(tztr)$_2$(H$_2$O)]$_n$(4)的三维超分子框架(d)、(e)

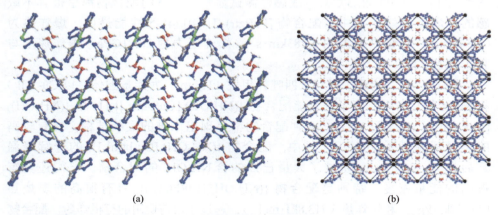

图1-23 {(NH$_3$OH)$_2$[Cu(btm)$_2$]}$_n$(a)和{(NH$_3$OH)$_2$[Mn(btm)$_2$]}$_n$(b)的三维结构

　　四唑类配体本身具有较高的含氮量和较大的生成焓, 对撞击、摩擦和静电敏感度增加, 安全性下降, 而四唑类配体与金属键结合能形成不同维度的金属含能配合物, 可有效增加密度、结构稳定性, 调节敏感度和爆轰性能, 具有成为良好含能催化剂的潜质。

1.2.2　羧基修饰的五元杂环含能配合物的研究进展

在氮杂环上引入氨基、硝基、羧基等可提高氮含量和改善氧平衡，还可增加修饰位点，更有利于催化剂结构的调控，从而增加其能量性能、稳定性并改善其力学性能和感度，具有较高的研究价值和应用前景。杂环羧酸类配体含有氧原子，有较强的电负性，导致其容易参与配位，并有多种配位模式（图 1-24），因此羧基盐常作为桥联配体的修饰基团构筑金属含能配合物。在含能材料的研究中，氧平衡也是一个非常重要的参考依据，负氧平衡表明氧含量不足导致含能材料不能充分燃烧，可能产生大量的有毒气体，例如一氧化碳等；正氧平衡表明氧气过量，可以将碳、氢、硫和金属氧化成二氧化碳及相应的金属氧化物，剩余的氧气也会在爆炸过程中消耗大量的能量，降低含能材料的爆轰性能。因此，只有在氧平衡接近 0 时，含能材料才具有最好的爆轰性能[77-79]。在杂环唑中引入羧基基团，可以有效调节氧平衡，增强含能材料的性能及应用价值。

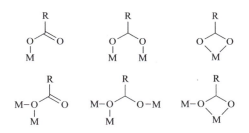

图1-24　羧基的常见配位模式

张献明等[80]以 3- 氨基 -1,2,4- 三唑 -5- 羧酸（H_2atzc）与过渡金属 Cu（Ⅱ）、Co（Ⅱ）合成两种三维结构的配位聚合物 [Cu$_3$(atzc)$_2$(atz)(ox)]·1.5H$_2$O **(1)**、[Co$_5$(atz)$_4$(ox)$_3$(COOH)$_2$]·DMF **(2)**（atz=3- 氨基 -1,2,4- 三唑，ox= 草酸），配合物 [Cu$_3$(atzc)$_2$(atz)(ox)]·1.5H$_2$O 中三唑上 N1、N2、N4 采用三齿桥联模式进行配位，羧酸上的 O1 原子也参与配位，形成三维超分子结构。而配合物 [Co$_5$(atz)$_4$(ox)$_3$(COOH)$_2$]·DMF 由于反应温度过高，配体脱羧，形成 3- 氨基 -1,2,4- 三唑，三唑上的 N 原子都参与配位，形成三维超分子结构（图 1-25）。两个配合物的孔隙率分别是 43.6%、33.8%，比表面积分别是 87m^2·g^{-1}、114m^2·g^{-1}。吸附性能测试表明，两种配合物对 CO$_2$ 有一定的选择性吸附。

Asha 等[81]同样以 3- 氨基 -1,2,4- 三唑 -5- 羧酸（3-AmTrZAc）和 5- 氨基 -1,2,4-

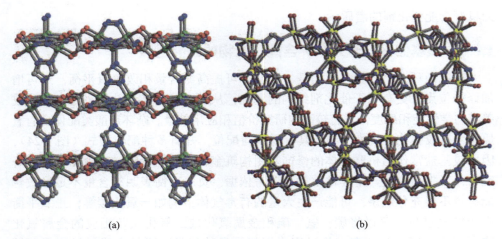

(a)　　　　　　　(b)

图1-25　配合物[Cu₃(atzc)₂(atz)(ox)]·1.5H₂O (a)、[Co₅(atz)₄(ox)₃(COOH)₂]· DMF (b)的三维结构

三唑 -3- 羧基（5-AmTrZAc）与碱土金属 [Ca（Ⅱ）、Sr（Ⅱ）、Ba（Ⅱ）] 制备三例配合物 [Ca(3-AmTrZAc)(5-AmTrZAc)(H₂O)] (1)、[Sr(3-AmTrZAc)₂(H₂O)] (2)、[Ba(3-AmTrZAc)₂(H₂O)] (3)。如 图 1-26 所 示，配 合 物 [Ca(3-AmTrZAc)(5-AmTrZAc)(H₂O)] (1) 三唑上的 N4 原子与羧基上的 O 原子螯合配位，而羧基上的 O 原子采用双齿桥联模式进行配位，形成二维结构。配合物 [Sr(3-AmTrZAc)₂(H₂O)] (2) 和 [Ba(3-AmTrZAc)₂(H₂O)] (3) 属于异质同晶结构，引入的羧基及氨基丰富了配位模式，其氨基上的 N 原子参与配位，形成三维结构。

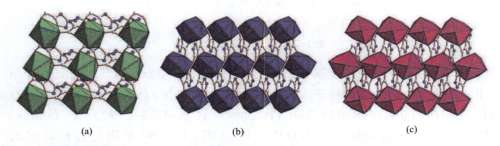

(a)　　　　　　　(b)　　　　　　　(c)

图1-26　配合物[Ca(3-AmTrZAc)(5-AmTrZAc)(H₂O)] (a)、[Sr(3-AmTrZAc)₂(H₂O)] (b)、
[Ba(3-AmTrZAc)₂(H₂O)] (c)的三维结构

陈三平等[82]采用微波法合成了两种金属含能配合物 [Co(TO)₂(DNBA)₂(H₂O)] (1) 和 [Cu(tza)(DNBA)] (2)（TO=1,2,4- 三 唑 酮, Htza= 四 唑 -1- 乙 酸, HDNBA=3,5-二硝基苯甲酸）。配合物 [Co(TO)₂(DNBA)₂(H₂O)] 具有单核单元的三维超分子结构，而配合物 [Cu(tza)(DNBA)] 具有一维链的二维超分子结构（图 1-27）。热

分析表明，这两种配合物的热分解温度可达到 238℃和 270℃，爆炸热分别为
1.726kcal·g⁻¹ 和 1.379kcal·g⁻¹，爆速分别为 7.834km·s⁻¹ 和 7.655 km·s⁻¹，爆压
为 26.133GPa 和 27.157GPa。此外，这两种配合物对撞击不敏感，可以作为具
有潜在使用价值的炸药。

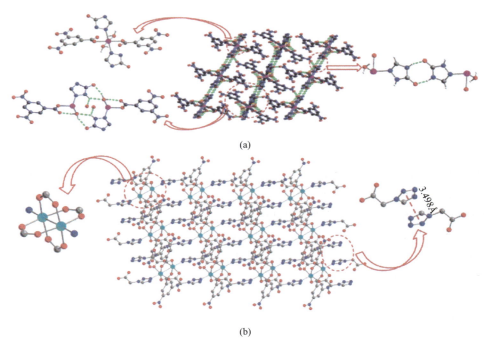

图1-27　配合物 Co(TO)₂(DNBA)₂(H₂O) 的配位环境和三维超分子结构(a)；
配合物 Cu(tza)(DNBA) 的配位环境和二维超分子结构(b)

李巧云等[83]以 5-(4-吡啶基)四唑-2-乙酸（Hpytza）为能量配体，在
溶剂热条件下制备了四种碱土金属含能配合物：[Mg(pytza)₂]ₙ (**1**)（图 1-28）、
[Ca(pytza)₂(H₂O)₂]ₙ·3nH₂O (**2**)、[Sr(pytza)₂(H₂O)₂]ₙ (**3**) 和 [Ba(pytza)₂(H₂O)₂]ₙ·H₂O
(**4**)。四种配合物的热分解温度均大于 300℃，此外，1 ～ 4 的相关热参数
ΔS=96.64J·mol·K⁻¹、175.34J·mol·K⁻¹、131.65J·mol·K⁻¹ 和 113.05J·mol·K⁻¹，
ΔH=206.48kJ·mol⁻¹、247.81kJ·mol⁻¹、217.03kJ·mol⁻¹ 和 205.99kJ·mol⁻¹，
ΔG=150.24kJ·mol⁻¹、147.24kJ·mol⁻¹、143.47kJ·mol⁻¹ 和 142.96kJ·mol⁻¹，表明
这些配合物是潜在的高能材料。

杨高文等[84]以 5-(4-吡啶基)四唑-2-乙酸（Hpytza）为配体与 Ni(ClO₄)₂·6H₂O
合成了一种具有三维网状结构的无溶剂配合物 [Ni(pytza)₂]ₙ，配合物在 310℃开始

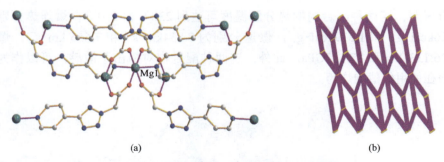

图1-28 配合物[Mg(pytza)₂]ₙ的配位环境(a)和三维结构拓扑(b)

分解，分解放热的焓变为 $-366.1J \cdot g^{-1}$，表观活化能为 $237.98kJ \cdot mol^{-1}$，具有良好的稳定性，可作为潜在的含能材料。

李志敏等[85]合成了基于 3,5- 二硝基苯甲酸（DNBA）、1,5- 二氨基四氮唑（DAT）和氨基脲（SCZ）的九种含能过渡金属（Co/Ni/Zn）配合物: $[Co(DNBA)_2(H_2O)_4 \cdot 4(H_2O)]$ **(1)**，$[Ni(DNBA)_2(H_2O)_4 \cdot 4(H_2O)]$**(2)**，$[Zn(DNBA)_2]_n$ **(3)**，$[Co(SCZ)_2(DNBA)_2]$ **(4)**，$[Ni(SCZ)_2(DNBA)_2]$ **(5)**，$[Zn(SCZ)_2(DNBA)_2]$ **(6)**，$[Co(DAT)_2(DNBA)_2(H_2O)_2]$ **(7)**，$[Ni(DAT)_2(DNBA)_2(H_2O)_2]$ **(8)**，$[Zn(DAT)_2(DNBA)_2(H_2O)_2]$ **(9)**。差示扫描量热法（DSC）和热重法（TG）分析得到配合物 **1** ~ **9** 的分解温度在 190 ~ 374℃之间。根据标准的 BAM 方法测试了对撞击和摩擦的敏感性（IS>15J，FS>360N），所有的高能配合物都比初级炸药叠氮化铅敏感得多。

武碧栋等[86]以 3,5- 二硝基苯甲酸（HDNBA）和咪唑（IMI）为配体与 Cu 盐合成了一种含能配合物 $[Cu(IMI)_2(DNBA)_2]$，金属 Cu(II) 离子与两个 DNBA 阴离子和两个 IMI 分子形成四配位模式，并呈现平面四边形。DNBA 和咪唑环的每个羧基均呈现单齿配位模式。该铜配合物在含能材料领域具有潜在的应用价值，主要是因为其具有良好的热稳定性，起始分解温度为 240℃，活化能为 $224.36kJ \cdot mol^{-1}$，撞击敏感性较低（图 1-29）。

杨捷等[87]利用两种四唑类羧酸 5-(2- 吡嗪基) 四唑 -2(1- 甲基) 乙酸（HL^1）和 3,3- 二 (1H- 四唑 -5- 基) 戊二酸（H_4L^2）作为配体构建了两种新的 Sr(II) 含能配合物（图 1-30）。$[Sr(L^1)_2(H_2O)_2]$ **(1)** 和 $[Sr_8(L^2)_4(CH_3CH_2OH)_2(H_2O)_{19}] \cdot 2(H_2O)$ **(2)** 分别为一维链状和二维层状结构。热分解温度分别为 267℃和 410℃，均具有良好的热稳定性。两例配合物的热力学参数，ΔH 分别为 $238.03kJ \cdot mol^{-1}$ 和 $360.71kJ \cdot mol^{-1}$、ΔS 分别为 $143.70 \ J \cdot mol^{-1} \cdot K^{-1}$ 和 $231.13 \ J \cdot mol^{-1} \cdot K^{-1}$、$\Delta G$ 分别为 $161.65kJ \cdot mol^{-1}$ 和 $205.04kJ \cdot mol^{-1}$，表明两例含能配合物都是潜在的能量材料。

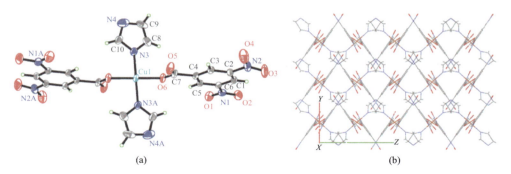

图1-29　配合物的配位环境(a)、沿 c 轴的堆积图(b)

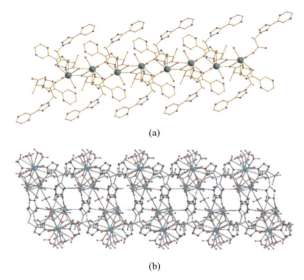

图1-30　[Sr(L^1)$_2$(H$_2$O)$_2$]的一维链（a）和[Sr$_8$(L^2)$_4$(CH$_3$CH$_2$OH)$_2$(H$_2$O)$_{19}$]·2(H$_2$O)的
二维层结构（b）

　　李冰等[88]采用溶液蒸发法合成了 [La$_2$(tza)$_3$(H$_2$O)$_6$·4H$_2$O(**1**)]、[Ce$_2$(tza)$_3$(H$_2$O)$_6$·3H$_2$O](**2**) 和 [Nd$_2$(tza)$_3$(H$_2$O)$_6$·4H$_2$O](**3**) 三种稀土 EMOFs，并研究了它们对 AP 热分解的影响（如图 1-31）。三种 EMOFs 均为双核同构，通过大量的氢键形成热稳定的（T_{det} > 630.0K）三维结构。此外，镧系金属的引入增强了 EMOFs 的电子转移能力，促进了 AP/EMOFs 混合体系的电子转移，有利于调节 EMOFs 对 AP 热分解的催化性能。三种 EMOFs 的加入使 AP 的高温分解峰向低温方向移动。同时，AP 的高温分解峰温提前了 46.8 ～ 59.8 K，活化能 (E_a) 降低了 85.02 ～ 117.71 kJ·mol^{-1}，显著改善了 AP 的热分解性能。与其他两种 EMOFs 相比，

$[Nd_2(tza)_3(H_2O)_6 \cdot 4H_2O]$ 中的阳离子具有最高的 f 轨道有效核电荷数和最强的电子转移能力，可将 AP 的 E_a 降低到 $96.85kJ \cdot mol^{-1}$。因此，通过提高电子转移能力构建 EMOFs 的策略可以为新型高效含能催化剂的开发提供指导。

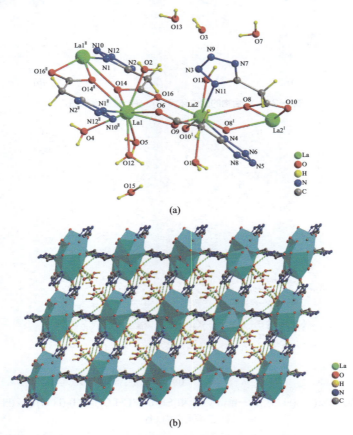

(a)

(b)

图1-31　配合物$[La_2(tza)_3(H_2O)_6 \cdot 4H_2O]$的配位环境（a）和三维结构（b）

由以上工作可知，羧基基团的引入可以增强配体的配位能力，与金属离子配位可产生多种配位模式，增加配合物的结构多样性。另外，羧基上的氧原子不仅可以调节金属含能配合物氧含量，使其更加接近氧平衡，还可以使配合物得到充分燃烧，释放出大量的爆炸热。同时，其还可以作为供体或者受体形成大量的分子内或分子间氢键，调节配合物的密度、热稳定性和爆轰性能[89]。因此，在唑类杂环化合物基础上引入羧基基团是一种探索性能优异的含能配合物的良好策略。

1.3
氮杂环类含能燃烧催化剂对高氯酸铵的催化研究进展

高氯酸铵（AP）是一种强氧化剂，是固体火箭燃料的关键成分。目前主要通过催化 AP 的热分解过程，降低其分解温度、活化能和增加放热量等提高 AP 的利用率。常用于催化 AP 热分解的方法有降低 AP 的粒径或添加纳米粒子[90]、金属氧化物[91,92]、纳米复合材料[93-95]、金属无机盐/有机盐[96-98]、金属有机含能配合物[99,100] 等。其中，降低 AP 的粒径将增加 AP 的敏感性，降低其利用率；添加金属氧化物、金属无机盐等时，它们在提高对 AP 的催化活性的同时会造成产物团聚现象[101]，降低能量特性，削弱推进剂的燃烧性能。含能金属配合物兼具能量特性配体和催化活性金属中心的双重优势[102]。此外，含能配合物具有结构可控设计的优势，可以提高含能配合物的热稳定性和抵抗外界刺激的能力[103]。与惰性催化剂相比，含能催化剂的放热分解可以补偿由催化剂重量造成的能量损失[104]，成为 AP 的潜在热分解催化剂研究热点。

李冰等[105-107] 以多吡啶基三唑为配体合成三种含能配合物 [Co(3,3′-Hbpt)(Htm)]·H_2O (**1**) [3,3′-Hbpt=3,5- 二 (3- 吡啶基)-1H-1,2,4- 三唑，H_3tm= 均苯三酸]，[Cu(2,3′-bpt)$_2$·H_2O]$_n$ (**2**) [2,3′-Hbpt=3-(2- 吡啶基)-5-(3′- 吡啶基)-1H-1,2,4- 三唑]，[Co(2,4,3-tpt)$_2$(H_2O)$_2$]·2NO_3 (**3**) [2,4,3-tpt=3-(2- 吡啶基)-4-(4′- 吡啶基)-5-(3′- 吡啶基)-1H-1,2,4- 三唑]，都表现出良好的热稳定性，加入配合物之后，AP 的高温放热峰分别从 448℃ 降低到 360℃、276℃、301℃，且体系的放热量从 1.51kJ·g^{-1} 增加到 2.53kJ·g^{-1}、1.95kJ·g^{-1}、2.14kJ·g^{-1}，分解时间变短，具有良好的催化作用（图 1-32）。

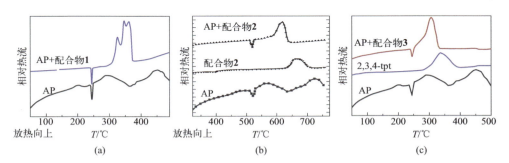

图1-32 [Co(3,3′-Hbpt)(Htm)]·H_2O (a)、[Cu(2,3′-bpt)$_2$·H_2O]$_n$(b)、[Co(2,4,3-tpt)$_2$(H_2O)$_2$]·2NO_3 (c)的DSC曲线

李金山等[108] 制备了 5,5′- 偶氮四唑过渡金属含能配合物 [Ni(en)₃]AZT·THF **(1)**、[Ni(AZT)(pn)₂]ₙ **(2)**（AZT=5,5′- 偶氮四唑，en= 乙二胺，THF= 四氢呋喃，pn= 丙二胺），分别对推进剂组分 RDX、HMX、AP 的热分解性能进行研究，可以看出 RDX 的放热峰温从 248℃ 分别降到 223℃、204℃，HMX 的放热峰温从 289℃ 分别降低到 285℃、251℃，AP 的高温放热峰温从 420℃ 降低到 362℃、362.5℃，表明这类高含氮量（84.3%）配合物可以作为催化剂被用于改进固体推进剂的燃烧性能（图 1-33）。

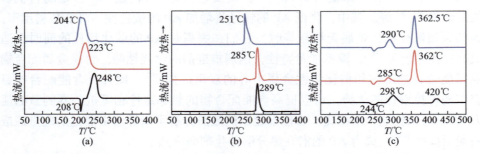

图 1-33　RDX(a)/HMX(b)/AP(c) 与 [Ni(en)₃]AZT·THF、[Ni(AZT)(pn)₂]ₙ 的 DSC 曲线

刘进剑等[109] 以 2,6- 二氨基 -3,5- 二硝基吡啶 -1- 氧化物（ANPyO）为配体与 Pb（Ⅱ）通过溶液法合成一种含能聚合物 [Pb₂(ANPyO)₂(NMP)·NMP]ₙ（NMP=N- 甲基吡咯烷酮），通过非等温动力学研究计算出配合物的表观活化能为 195.2kJ·mol⁻¹。配合物对推进剂 AP、RDX 的热分解性能如图 1-34 所示，RDX 的放热峰温从 248.20℃ 降到 246.23℃，仅仅提前 1.97℃，并且放热量从 1.36kJ·mol⁻¹ 降到 1.27kJ·mol⁻¹，说明配合物对 RDX 催化作用比较弱。AP 的高温放热峰峰温从 430.28℃ 降到 375.86℃，降低了 54.42℃，放热量从 0.84kJ·g⁻¹

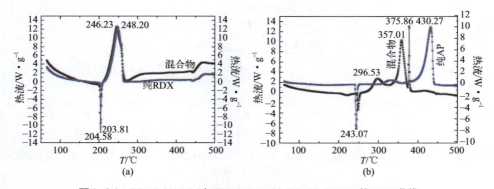

图 1-34　RDX(a)/AP(b) 与 [Pb₂(ANPyO)₂(NMP)·NMP]ₙ 的 DSC 曲线

增加到 1.33kJ·g^{-1}，因此，配合物对 AP 的热分解起到良好的催化效果。

陈三平等[110] 利用溶剂热法合成了一种新型结晶三维金属固体含能配合物 {[Cu$_5$(trz)$_2$(mal)$_2$(fma)(H$_2$O)$_4$]·2H$_2$O}$_n$（trz = 1,2,4- 三唑，mal= 苹果酸，fma= 富马酸），该配合物呈三维蜂巢状网络结构。DSC 实验表明，配合物的加入可以使得 AP 的高温分解阶段大幅提前，两个放热峰合并为一个且变尖锐，说明其对 AP 的热分解具有较好的催化效果（图 1-35）。

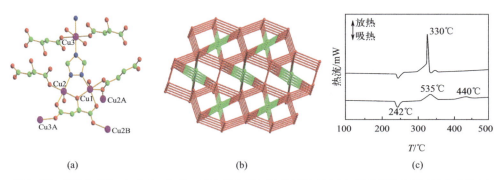

（a）　　　　　　　　　　（b）　　　　　　　　　　（c）

图1-35　配合物 {[Cu$_5$(trz)$_2$(mal)$_2$(fma)(H$_2$O)$_4$]·2H$_2$O}$_n$ 的配位环境(a), 三维拓扑(b)和DSC曲线(c)

卫芝贤等[111] 合成了两种四唑类含能配合物 {[Bi(tza)(C$_2$O$_4$)(H$_2$O)]·H$_2$O}$_n$(**1**) 和 [Fe$_3$O(tza)$_6$(H$_2$O)$_3$]·NO$_3$ (**2**)（Htza= 四唑 -1- 乙酸）。{[Bi(tza)(C$_2$O$_4$)(H$_2$O)]·H$_2$O}$_n$ 由 [Bi(C$_2$O$_4$)]$^+$ 层和半刚性的 tza$^-$ 阴离子构成三维柱状层结构，而 [Fe$_3$O(tza)$_6$(H$_2$O)$_3$]·NO$_3$ 展现出阳离子 [Fe$_3$O(tza)$_6$]$^+$ 三棱柱状团块的零维结构。两例配合物是具有良好热稳定性的高能配合物，对撞击和摩擦不敏感，对 AP 热分解都表现出良好的催化作用。其中，配合物 [Fe$_3$O(tza)$_6$(H$_2$O)$_3$]·NO$_3$ 的催化活性大于配合物 {[Bi(tza)(C$_2$O$_4$)(H$_2$O)]·H$_2$O}$_n$。另外，两个配合物之间有协同催化作用，协同指数为 1.31。因此，两个配合物的混合物可作为 AP 热分解过程的燃烧催化剂（图 1-36）。

陈三平等[112,113] 利用 4,5- 双 (1H- 四唑)-1H- 咪唑（H$_3$BTI），三 (5- 氨基四唑) 三嗪（H$_3$TATT），四唑 -1- 乙酸（Htza）和 5- 氨基 -1H- 四唑 -1- 基乙酸（Hatza）为能量配体合成了系列含能配合物 [Pb(HBTI)]$_n$(**1**)、[Co(HTATT)]$_n$(**2**)、[Ag(tza)]$_n$(**3**) 和 [Ag(atza)]$_n$(**4**)。这些配合物具有刚性的多维框架结构。配合物可使 AP 的两个放热峰合并为一个宽的放热峰，而且峰值比 AP 的放热峰温低得多，分解热急剧增加，使其在绿色推进剂领域具有潜在的应用前景。

张同来等[114] 制备了四例新型含能配合物 [Cu(vimi)$_4$]DCA$_2$(**1**)，[Co(vimi)$_4$]·DCA$_2$(**2**)，[Ni(vimi)$_4$]·DCA$_2$(**3**) 和 [Cu(vimi)$_4$]·CBH$_2$(**4**)（vimi = 1- 乙烯基咪唑，DCA = 双氰胺阴离子，CBH = 氰基硼氢化物阴离子），其中配合物 [Co(vimi)$_4$]

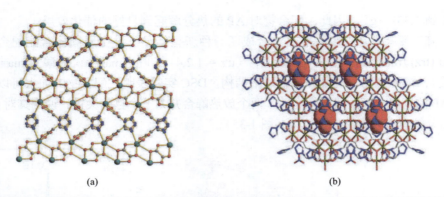

图1-36 配合物 $\{[Bi(tza)(C_2O_4)(H_2O)] \cdot H_2O_n\}$ 的三维结构 (a) 和 $[Fe_3O(tza)_6(H_2O)_3]NO_3$ 的零维结构 (b)

DCA$_2$ 展示出最好的催化性能，AP 的低温分解峰和高温分解峰合并为一个较低的分解峰（325℃）。此外，添加配合物后 AP 释放的热量（1661.7J·g^{-1}）明显高于纯 AP 的释放热量（814.5J·g^{-1}）。用 Kissinger 方法计算的动力学参数显示，该配合物将高氯酸铵分解的活化能（223.5kJ·mol^{-1}）降低到 115.6kJ·mol^{-1}（图 1-37）。

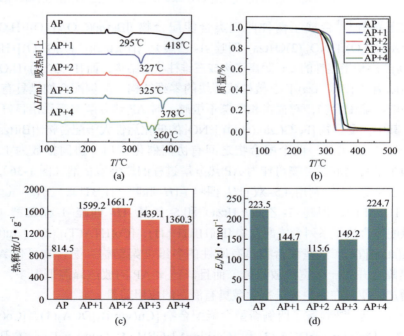

图1-37 高氯酸铵（AP）和AP/能量配合物在加热速率为10℃·min^{-1}时的差示扫描量热 (a) 和热重分析 (b) 曲线；AP和AP/能量配合的热释放 (c) 和活化能 (d)

杨奇等[115]以 4,5- 双 (1*H*- 四唑)-1*H*- 咪唑（H₃BTI）为配体与 Pb（Ⅱ）合成了一种新型含能金属有机框架 [Pb(HBTI)]ₙ，具有不含溶剂分子的三维骨架结构。该配合物的热稳定性高达 325℃，爆热（Q）、爆速（D）和爆压（P）分别为 1.158kcal·g⁻¹、7.842km·s⁻¹ 和 35.87GPa，优于传统的含能材料。由于配合物具有紧凑的 3D 框架结构，因此具有高密度、不敏感性和优异的热稳定性。此外，DSC 实验表明加入配合物后 AP 的两个放热峰合并，并且峰温有显著提前，[Pb(HBTI)]ₙ 可以作为高能量密度材料应用于炸药和推进剂领域（图 1-38）。

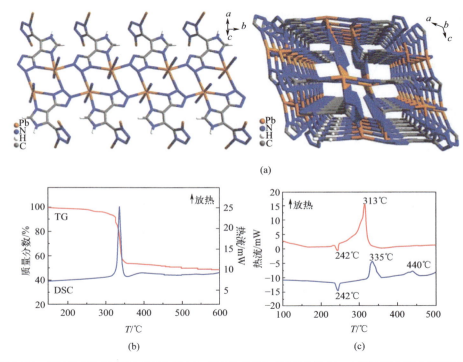

图1-38　配合物 [Pb(HBTI)]ₙ 的结构图 (a)，配合物的 TG-DSC 曲线 (b)，AP 和 AP 与配合物的 DSC 曲线 (c)

李阳等[116]以 4,5- 双 (1*H*- 四唑 -5 基)-1*H*- 咪唑（H₃BTI）为配体与 Co（Ⅱ）和 Cu（Ⅱ）合成了两种含能配合物 [Co(en)(H₂BTI)₂]₂·en **(1)** 和 [Cu₂(en)₂(HBTI)₂]₂ **(2)**，燃烧热分别为 −14.67MJ·kg⁻¹ 和 −17.93MJ·kg⁻¹。加入配合物后，AP 的分解温度分别降到 333.7℃ 和 336.1℃，放热量从 319J·g⁻¹ 增加到 2526J·g⁻¹ 和 2526J·g⁻¹，显著提高了 AP 的燃烧性能。

张同来等[117]以 1- 乙基咪唑（EIMI）和双氰胺钠（NaDCA）为配体与 Mn

（Ⅱ）、Co（Ⅱ）、Ni（Ⅱ）和 Cu（Ⅱ）合成了四例配合物 [Mn(EIMI)$_4$](DCA)$_2$ (**1**)，[Co(EIMI)$_4$](DCA)$_2$ (**2**)，[Ni(EIMI)$_4$](DCA)$_2$ (**3**)，[Cu(EIMI)$_4$](DCA)$_2$ (**4**)。其中，配合物 [Mn(EIMI)$_4$](DCA)$_2$ 表现出最优异的催化活性，加入该配合物后，AP 的分解峰温降低了 75℃，活化能降低了 60kJ·mol^{-1}，可作为固体推进剂的潜在燃烧催化剂（图 1-39）。

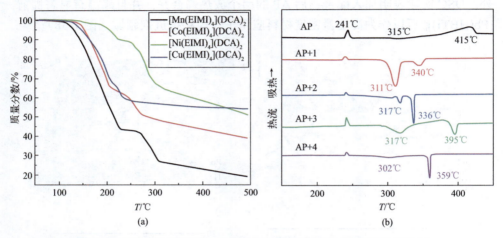

图1-39 乙基咪唑类配合物 **1 ~ 4** 的 TG 曲线 (a) 和催化 AP 的 DSC 曲线 (b)

综上所述，五元氮杂环类含能配合物具有结构致密、含氮量高、稳定性好等优势，对推进剂组分 AP 热分解展示出良好的催化性能，兼具调节推进剂燃烧性能和提高推进剂能量的特点。对其进行合理的结构修饰，设计出配位点丰富的含能配体，有助于构筑结构更新颖的配合物。因此，对吡唑、三唑和四唑进行修饰改进，选择 3- 氨基吡唑 -4- 羧酸（H$_2$apza）、3- 氨基 -1,2,4- 三唑 -5- 羧酸（H$_2$atzc）和 1H- 四唑 -5- 乙酸（H$_2$tza）作为能量配体（图 1-40），构筑新型含能配合物进行系统研究，探究其爆轰性能和应用于固体推进剂的燃烧催化剂的潜力。

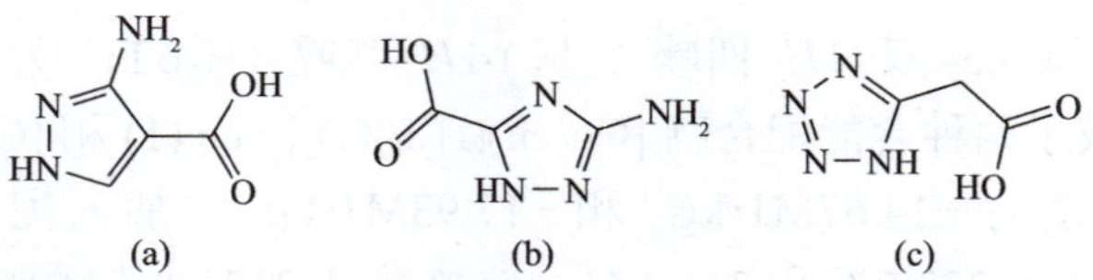

图1-40 3- 氨基吡唑 -4- 羧酸的分子结构图 (a)；3- 氨基 -1,2,4- 三唑 -5- 羧酸的分子结构图 (b)；
1H- 四唑 -5- 乙酸的分子结构图 (c)

1.4
小结和展望

1.4.1　小结

随着含能材料的研究和应用日益广泛，在实际应用方面的要求也在不断提高，安全、绿色、高能、钝感和高密度等材料特性成为目前研究的重点[118,119]。二、三、四唑五元氮杂环类能量配体与金属离子通过自组构筑的新型含能配合物具有良好的理化性能，可作为新型含能材料的候选材料。

目前，添加燃烧催化剂是改善高氯酸铵热分解性能的有效方法之一[120]。常用的燃烧催化剂有金属氧化物、金属单质以及碳材料[121-123]。但它们在提高对 AP 的催化活性的同时会造成产物团聚现象，削弱推进剂的燃烧性能，而含能配合物中不仅金属中心高度分散且种类多样，还具有良好的稳定性和较大的生成焓。此外，含能配合物在催化燃烧的过程中原位形成的金属氧化物或金属 - 碳基复合材料也是高效的燃烧催化剂。这些特点使得含能配合物成为燃烧催化剂的潜在选择。

基于以上考虑，将具有较高含氮量和正生成焓的二、三、四唑五元氮杂环类化合物作为能量配体，利用富氮杂环配体的结构相对稳定，对静电、摩擦和撞击不敏感等特点，使构筑的金属含能配合物能够达到密度增大、稳定性增强、灵敏度降低等目的[124]。另外，在唑类杂环上引入氨基基团可以提高氮含量，增加配合物的密度，分子中 NH 结构容易形成氢键，提高其相应化合物的热稳定性；引入羧基基团可以提供燃烧过程中的氧及提供多样化的配位模式，有成为优异含能燃烧催化剂的潜质。

1.4.2　展望

鉴于此，以 3- 氨基吡唑 -4- 羧酸（H_2apza）、3- 氨基 -1,2,4- 三唑 -5- 羧酸（H_2atzc）和 1H- 四唑 -5- 乙酸（H_2tza）为能量配体，利用溶液挥发法和水热法合成了系列过渡金属、稀土金属含能配合物，并探究其爆轰性能和作为燃烧催化剂对高氯酸铵（AP）的热分解过程的影响，研究其作为燃烧催化剂的应用潜力。主要研究思路如下（如图 1-41 所示）：

① 对各类配体进行理论计算，推测其在配合物中的构象及配位模式，为构筑配合物提供理论依据。

② 通过溶液挥发法和水热法等构筑系列含能配合物，利用 X 射线单晶衍

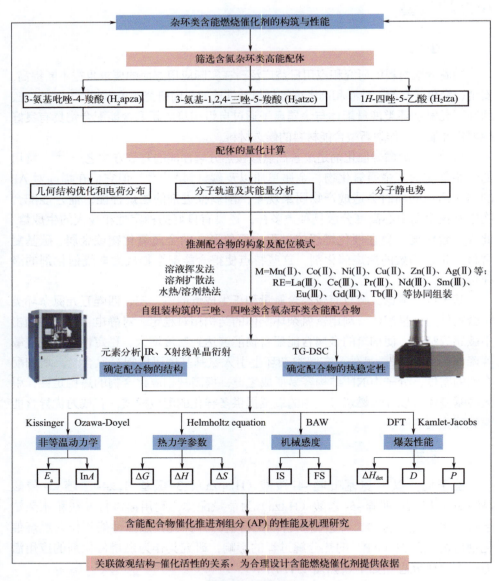

图1-41 研究思路

射、红外光谱分析、元素分析对合成的系列含能配合物结构进行表征。

③ 热稳定性测试。利用 TG 及 DSC 方法对配合物进行热稳定性分析。

④ 非等温动力学和热力学分析。在非等温条件下，利用 DSC 研究几种配合物的热分解动力学，结合 Kissinger 和 Ozawa 两种方法确定各自在非等温条件下的反应动力学参数：表观活化能（E_a）、指前因子（A）以及热分解反应机理函数。利用 Kissinger 方程和计算配合物的热力学参数：活化焓（$\Delta H^{\neq}$）、吉布斯自由能（$\Delta G^{\neq}$）和活化熵（$\Delta S^{\neq}$）。

⑤ 利用密度泛函理论（DFT）和 Kamlet-Jacobs 方程计算配合物的爆炸热（ΔH_{det}）、爆速（D）和爆压（P）等爆轰参数；利用 BAW 落锤方法测试配合物的撞击感度（IS）和摩擦感度（FS）。

⑥ 催化 AP 热分解性能。将过渡和稀土类配合物作为燃烧催化剂，与 AP 进行一定的质量比混合，探究它们对 AP 热分解过程的影响和作为燃烧催化剂的潜力。

⑦ 筛选出爆轰性能和催化性能优异的含能配合物，探究设计和制备规律。

参考文献

[1] 赵凤起，仪建华，安亭，等 . 固体推进剂燃烧催化剂 [M]. 北京 : 国防工业出版社 , 2016.
[2] 葛明成，钟野，杨学军，等 . 硝基氰胺乙烯基咪唑过渡金属配合物的合成及结构与性能分析 [J]. 火炸药学报 , 2024, 47(2): 137-144.
[3] 王雅乐，卫芝贤，康丽 . 固体推进剂用燃烧催化剂的研究进展 [J]. 含能材料 , 2015, 23(1): 89-98.
[4] 谭博军，段秉蕙，任家桐，等 . 固体推进剂有机含能燃速催化剂的研究进展 [J]. 含能材料 , 2022, 30(8): 833-852.
[5] 殷宝清 . 多孔金属氧化物 /AL 纳米含能材料的研究 [D]. 南京： 南京理工大学 , 2013.
[6] 侯志全，郭萌，刘雨溪，等 . 金属间化合物的合成及其催化应用 [J]. 材料研究学报 , 2020, 34(2): 81-91.
[7] 龚铭 . 金属氧化物基中空纳米材料的制备及催化性能研究 [D]. 北京： 清华大学 , 2017.
[8] 余宗学 . 过渡金属氧化物对高氯酸铵催化热分解反应的研究 [D]. 南京： 南京理工大学 , 2009.
[9] 罗元香，陆路德，汪信，等 . 纳米级过渡金属氧化物对高氯酸铵催化性能的研究 [J]. 含能材料 , 2002, 10(4): 148-152.
[10] 李伟文 . 金属络合物对高氯酸铵热分解的催化效应及动力学研究 [D]. 苏州： 苏州大学 , 2008.
[11] 张计传 . 含能金属有机骨架材料的合成与性能研究 [D]. 北京： 北京理工大学 , 2016.
[12] 严启龙 . 浅谈固体推进剂燃烧催化剂的评判标准 [J]. 含能材料 , 2019, 27(4): 266-269.
[13] Seth S, Matzger A J. Coordination polymerization of 5, 5′ -dinitro-2 H,2 H′ -3, 3′ -bi-1, 2 4-triazole leads to a dense explosive with high thermal stability[J]. Inorganic Chemistry, 2017, 56(1):561-565.
[14] Liu Y, He C, Tang Y, et al. Tetrazolyl and dinitromethyl groups with 1, 2, 3-triazole lead to polyazole energetic materials[J]. Dalton Transactions, 2019, 48(10): 3237-3242.
[15] Liu Y, Zhao G, Tang Y, et al. Multipurpose [1, 2, 4] triazolo [4, 3-b][1, 2, 4, 5] tetrazine-based energetic materials[J]. Journal of Materials Chemistry A, 2019, 7(13): 7875-7884.

[16] Zhang J, Shreeve J M. 3, 3′-Dinitroamino-4, 4′-azoxyfurazan and its derivatives: an assembly of diverse N-O building blocks for high-performance energetic materials[J]. Journal of the American Chemical Society, 2014, 136(11): 4437-4445.

[17] Qu X, Zhang S, Yang Q, et al. Silver (Ⅰ)-based energetic coordination polymers: synthesis, structure and energy performance[J]. New Journal of Chemistry, 2015, 39(10): 7849-7857.

[18] Deblitz R, Hrib C G, Blaurock S, et al. Explosive Werner-type cobalt (Ⅲ) complexes[J]. Inorganic Chemistry Frontiers, 2014, 1(8): 621-640.

[19] Wu B D, Bi Y G, Zhou M R, et al. Stable high-nitrogen energetic trinuclear compounds based on 4-amino-3, 5-dimethyl-1, 2, 4-triazole: Synthesis, structures, thermal and explosive properties[J]. Zeitschrift für anorganische und allgemeine Chemie, 2014, 640(7): 1467-1473.

[20] Bushuyev O S, Preston B, Amitesh M, et al. Ionic polymers as a new structural motif for high-energy-density materials[J]. Journal of the American Chemical Society, 2012, 134(3): 1422-1425.

[21] Zhang Y, Zhang S, Sun L, et al. A solvent-free dense energetic metal-organic framework (EMOF): to improve stability and energetic performance via in situ microcalorimetry[J]. Chemical Communications, 2017, 53(21): 3034-3037.

[22] Zhang S, Yang Q, Liu X, et al. High-energy metal-organic frameworks (HE-MOFs): Synthesis, structure and energetic performance[J]. Coordination Chemistry Reviews, 2016, 307: 292-312.

[23] Yang J, Yin X, Wu L, et al. Alkaline and earth alkaline energetic materials based on a versatile and multifunctional 1-aminotetrazol-5-one ligand[J]. Inorganic Chemistry, 2018, 57(24):15105-15111.

[24] Zhang G, Xiong H, Yang P, et al. A high density and insensitive fused [1, 2, 3] triazolo-pyrimidine energetic material[J]. Chemical Engineering Journal, 2021, 404: 126514.

[25] Li X, Sun Q, Lin Q, et al. [N-N=N-N]-linked fused triazoles with π-π stacking and hydrogen bonds: Towards thermally stable, Insensitive, and highly energetic materials[J]. Chemical Engineering Journal, 2021, 406: 126817.

[26] Zhao G, Kumar D, Yin P, et al. Construction of polynitro compounds as high-performance oxidizers via a two-step nitration of various functional groups[J]. Organic Letters, 2019, 21(4): 1073-1077.

[27] 杨国利. 4,5-二四唑基咪唑含能配合物的合成、结构及理化性质研究 [D]. 西安：西北大学, 2018.

[28] 孙琦. 噁二唑与四唑类含能化合物的合成、结构与性能研究 [D]. 南京：南京理工大学, 2020.

[29] 常帅. 四唑基呋咱类含能配位聚合物的合成、结构及其理化性质研究 [D]. 西安：西北大学, 2019.

[30] Wang Q, Wang S, Feng X, et al. A heat-resistant and energetic metal-organic framework assembled by chelating ligand[J]. ACS applied materials & interfaces, 2017, 9(43): 37542-37547.

[31] Göbel M, Karaghiosoff K, Klapötke T M, et al. Nitrotetrazolate-2 N-oxides and the strategy of N-oxide introduction[J]. Journal of the American Chemical Society, 2010, 132(48): 17216-17226.

[32] Huynh M H V, Hiskey M A, Hartline E L, et al. Polyazido high-nitrogen compounds: Hydrazo- and azo-1, 3, 5-triazine[J]. Angewandte Chemie International Edition, 2004, 43(37): 4924-4928.

[33] Chavez D E, Hiskey M A, Gilardi R D. 3, 3′-Azobis (6-amino-1, 2, 4, 5-tetrazine): a novel high-nitrogen energetic material[J]. Angewandte Chemie International Edition, 2000, 39(10): 1791-1793.

[34] Xu J G, Li X Z, Wu H F, et al. Substitution of nitrogen-rich linkers with insensitive linkers in azide-based energetic coordination polymers toward safe energetic materials[J]. Crystal Growth & Design, 2019, 19(7): 3934-3944.

[35] Ma X, Cai C, Sun W, et al. Enhancing energetic performance of multinuclear Ag (Ⅰ)-cluster MOF-based high-energy-density materials by thermal dehydration[J]. ACS applied materials & interfaces, 2019, 11(9): 9233-9238.

[36] Liu X, Qu X, Zhang S, et al. High-performance energetic characteristics and magnetic properties of a three-dimensional cobalt (Ⅱ) metal-organic framework assembled with azido and triazole[J]. Inorganic Chemistry, 2015, 54(23): 11520-11525.

[37] Fischer D, Klapötke T M, Stierstorfer J. 1, 5-Di (nitramino) tetrazole: high sensitivity and superior explosive performance[J]. Angewandte Chemie International Edition, 2015, 54(35): 10299-10302.

[38] Thottempudi V, Forohor F, Parrish D A, et al. Tris (triazolo) benzene and its derivatives: high-density energetic materials[J]. Angewandte Chemie International Edition, 2012, 51(39): 9881-9885.

[39] 李欣 . 三唑基含能配合物的合成、结构及燃烧催化性能研究 [D]. 西安 : 西北大学 , 2017.

[40] Akrami S, Karami B, Farahi M. A novel protocol for catalyst-free synthesis of fused six-member rings to triazole and pyrazole[J]. Molecular Diversity, 2020, 24(1): 225-231.

[41] Klapötke T M, Stierstorfer J, Wallek A U. Nitrogen-rich salts of 1-methyl-5-nitriminotetrazolate: an auspicious class of thermally stable energetic materials[J]. Chemistry of Materials, 2008, 20(13): 4519-4530.

[42] Wang Y, Xu S, Li H, et al. Laser ignition of energetic complexes: impact of metal ion on laser initiation ability[J]. New Journal of Chemistry, 2021, 45(28): 12705-12710.

[43] Atakol A, Svoboda I, Dal H, et al. New energetic Silver (Ⅰ) complexes with Nnn type Pyrazolylpyridine ligands and oxidizing anions[J]. Journal of Molecular Structure, 2020, 1210: 128001.

[44] Zhang C, Wang T, Xu M, et al. Synthesizing new Bi-structure energetic coordination compounds using ternary components[J]. Inorganic Chemistry Frontiers, 2014, 115(2): 1219-1225.

[45] Wang Y L, Zhao F Q, Ji Y P, et al. Synthesis, crystal structure and thermal behavior of 4-amino-3,5-dinitropyrazole copper salt[J]. Chinese Chemical Letters, 2014, 25: 902-906.

[46] Wu B, Bi Y, Zhou Z, et al. Preparation crystal structure,and thermal decompositionof an azide energetic compound [Cd(IMI)$_2$(N$_3$)$_2$]$_n$ (IMI=imidazole)[J]. Journal of Coordination Chemistry, 2013, 66(17): 3014-3024.

[47] 张超，杨立波，陈俊波，等 . 含咪唑类铅盐催化剂的 RDX-CMDB 推进剂燃烧性能 [J]. 含能材料 , 2015, 23(1):43-47.

[48] Zhong Y, Li Z M, Xu Y Q, et al. Transition metal (Mn/Co/Ni/Cu) complexes based on 1-ethylimidazole and dicyandiamide: syntheses, characterizations, and catalytic effects on the thermal decomposition of ammonium perchlorate[J]. Journal of Energetic Materials, 2021, 29(6): 501-508.

[49] 钟野，李英，吴瑞强，等 . 含能配合物 [Cu (MIM)$_2$ (AIM)$_2$](DCA)$_2$ 的合成 , 结构及对 AP 热分解的催化 [J]. 含能材料 , 2021, 29(6): 501-508.

[50] Yang Q, Yang G L, Zhang W D, et al. Superior thermostability, good detonation properties, insensitivity, and the effect on the thermal decomposition of ammonium perchlorate for a new solvent-free 3D energetic PbII-MOF[J].Chemistry A European Journal,2017, 23:9149-9155.

[51] Yang G, Li X, Wang M, et al. Improved detonation performance via coordination substitution: Synthesis and characterization of two new green energetic coordination polymers[J]. ACS Applied Materials & Interfaces, 2021, 13(1): 563-569.

[52] 成健，邵灏，李振明，等 . 2,4- 二硝基咪唑含能锂盐的热分解行为及其对 AP 热分解的催化作用 [J]. 固体火箭技术 , 2018, 41(4): 483-489.

[53] Li T, Shi X J, Chen P Y, et al. Two trinuclear transition metal (Ⅱ)-Radical complexes with triple-triazole bridges[J]. Journal of Molecular Structure, 2017, 1141: 457-461.

[54] Li J, Ren G Y, Zhang Y, et al. Two Cu (Ⅱ) complexes of 1, 2, 4-triazole fungicides with enhanced antifungal activities[J]. Polyhedron, 2019, 157: 163-169.

[55] Sasidharan D, Aji CV, Mathew P. 1, 2, 3-Triazolylidene palladium complex with triazole ligand:

Synthesis, characterization and application in Suzuki-Miyaura coupling reaction in water[J]. Polyhedron, 2019, 157: 335-340.

[56] Utthra P P, Kumaravel G, Raman N. Screening the efficient biological prospects of triazole allied mixed ligand metal complexes[J]. Journal of Molecular Structure, 2017, 1150: 374-382.

[57] Chirkunov A A, Kuznetsov Y I, Shikhaliev K S, et al. Adsorption of 5-alkyl-3-amino-1, 2, 4-triazoles from aqueous solutions and protection of copper from atmospheric corrosion[J]. Corrosion Science, 2018, 144: 230-236.

[58] Zhu A X, Lin J B, Zhang J P, et al. Isomeric zinc（Ⅱ）triazolate frameworks with 3-connected networks: syntheses, structures, and sorption properties[J]. Inorganic Chemistry, 2009, 48(8): 3882-3889.

[59] Wu B D, Zhang T L, Li Y L, et al. Energetic compounds based on 4-amino-1, 2, 4-triazole (ATZ) and picrate (PA): $[Zn(H_2O)_6](PA)_2 \cdot 3H_2O$ and $[Zn(ATZ)_3](PA)_2 \cdot 2.5H_2O]_n$ [J]. Zeitschrift für anorganische und allgemeine Chemie, 2013, 639: 2209-2215.

[60] Liu X, Gao W, Sun P, et al. Environmentally friendly high-energy MOFs: crystal structures, thermostability, insensitivity and remarkable detonation performances[J]. Green Chemistry, 2015, 17(2): 831-836.

[61] Seth S, McDonald K A, Matzger A J. Metal effects on the sensitivity of isostructural metal-organic frameworks based on 5-amino-3-nitro-1 H-1, 2, 4-triazole[J]. Inorganic Chemistry, 2017, 56(17): 10151-10154.

[62] Li X, Han J, Zhang S, et al. High-energy coordination polymers (CPs) exhibiting good catalytic effect on the thermal decomposition of ammonium dinitramide[J]. Journal of Solid State Chemistry, 2017, 253: 375-381.

[63] Liu L, Hao W J, Huang Q, et al. Three new energetic coordination polymers based on nitrogen-rich heterocyclic ligand for thermal catalysis of ammonium perchlorate[J]. Journal of Solid State Chemistry, 2022, 314: 123375.

[64] Song H, Li B, Gao X Z, et al. Thermodynamics and catalytic properties of two novel energetic complexes based on 3-amino-1,2,4-triazole-5-carboxylic acid[J]. ACS Omega, 2022, 7(3): 3024-2029.

[65] Stierstorfer J, Tarantik K R, Klapötke T M. New energetic materials: Functionalized 1-ethyl-5-aminotetrazoles and 1-ethyl-5-nitriminotetrazoles[J]. Chemistry-A European Journal, 2009, 15(23): 5775-5792.

[66] Neochoritis C G, Zhao T, Dömling A. Tetrazoles via multicomponent reactions[J]. Chemical Reviews, 2019, 119(3): 1970-2042.

[67] Massi M, Stagni S, Ogden M I. Lanthanoid tetrazole coordination complexes[J]. Coordination Chemistry Reviews, 2018, 375: 164-172.

[68] 葛婧. 四唑基类含能配合物的合成、结构及理化性质研究 [D]. 西安：西北大学, 2016.

[69] Huber S, Izsák D, Karaghiosoff K, et al. Energetic salts of 5-(5-azido-1 H-1, 2, 4-triazol-3-yl) tetrazole[J]. Propellants, Explosives, Pyrotechnics, 2014, 39(6): 793-801.

[70] Qin J, Zhang J, Zhang M, et al. A highly energetic N-rich zeolite-like metal-organic framework with excellent air stability and insensitivity[J]. Advances Science, 2015, 2(12):1500150.

[71] Feng Y, Liu X, Duan L, et al. In situ synthesized 3D heterometallic metal-organic framework (MOF) as a high-energy-density material shows high heat of detonation, good thermostability and insensitivity[J]. Dalton Trans, 2015, 44(5): 2333-2339.

[72] Liu Q, Jin B, Zhang Q, et al. Nitrogen-rich energetic metal-organic framework: synthesis, structure, properties, and thermal behaviors of Pb（Ⅱ）Complex Based on N, N-Bis(1 H-tetrazol-5-yl)-amine[J].

Materials, 2016, 9(8),681.

[73] 李希 . 基于 1,3- 双（5- 四唑基）三氮烯含能配合物的合成、结构及理化性质研究 [D]. 西安 : 西北大学 , 2021.

[74] Xu J G, Wang S H, Zhang M J, et al. Nitrogen-rich tetranuclear metal complex as a new structural motif for energetic materials[J]. ACS Omega, 2017, 2(1): 346-352.

[75] Xu Y, Liu W, Li D, et al. In situ synthesized 3D metal-organic frameworks (MOFs) constructed from transition metal cations and tetrazole derivatives: a family of insensitive energetic materials[J]. Dalton Trans, 2017, 46(33): 11046-11052.

[76] Feng Y, Chen S, Deng M, et al. Energetic metal-organic frameworks incorporating NH_3OH^+ for new high-energy-density materials[J]. Inorganic Chemistry, 2019, 58(18): 12228-12233.

[77] Shyu E, Supkowski R M, LaDuca R L. A chiral luminescent coordination polymer featuring a unique 4-connected self-catenated topology built from helical motifs[J]. Inorganic Chemistry, 2009, 48(7): 2723-2725.

[78] Chang S, Chen Y, An H, et al. Polyoxometalate-based supramolecular porous frameworks with dual-active centers towards highly efficient synthesis of functionalized p-benzoquinones[J]. Green Chemistry, 2021, 23(21): 8591-8603.

[79] Liu D S, Chen W T, Xu Y P, et al. Synthesis, structures, and properties of three Zn（Ⅱ）, Mn（Ⅱ）, and Cd（Ⅱ）compounds based on tetrazole-1-acetic ligand[J]. Journal of Solid State Chemistry, 2015, 226: 186-191.

[80] Hou J J, Xu X, Jiang N, et al. Selective adsorption in two porous triazolate-oxalate-bridged antiferromagnetic metal-azolate frameworks obtained via in situ decarboxylation of 3-amino-1, 2, 4-triazole-5-carboxylic acid[J]. Journal of Solid State Chemistry, 2015, 223: 73-78.

[81] Asha K S, Reber A C, Pedicini A F, et al. The effects of alkaline-earth counterions on the architectures, band-gap energies, and proton transfer of triazole-based coordination polymers[J]. European Journal of Inorganic Chemistry, 2015(12): 2085-2091.

[82] Yang Q, Ge J, Gong Q, et al. Two energetic complexes incorporating 3, 5-dinitrobenzoic acid and azole ligands: Microwave-assisted synthesis, favorable detonation properties, insensitivity and effects on the thermal decomposition of RDX[J]. New Journal of Chemistry, 2016, 40(9): 7779-7786.

[83] Yang G W, Zhang Y T, Wu Q, et al. Nitrogen-rich 5-(4-pyridyl) tetrazole-2-acetic acid and its alkaline earth metal coordination polymers for potential energetic materials[J]. Inorganica Chimica Acta, 2016, 450: 364-371.

[84] Sun P P, Dong J F, Wang Y, et al. A solvent free nickle（Ⅱ）compound derived from 5-(4-pyridyl) tetrazole-2-acetic acid for potential energetic material[J]. Inorganic Chemistry Communications, 2016, 73: 77-79.

[85] Li Z, Zhang Y, Yuan Y, et al. Nitrogen-rich ligands directed transition metal (Co/Ni/Zn) 3, 5-dinitrobenzoic acid energetic complexes: Syntheses, crystal structures and properties[J]. ChemistrySelect, 2018, 3(37): 10298-10304.

[86] Wu B, Ren D, Li Z, et al. Synthesis, crystal structure, and properties of energetic copper（Ⅱ）compound based on 3, 5-dinitrobenzoic acid and imidazole[J]. Main Group Chemistry, 2020, 19: 295-304.

[87] Shen T X, Wang M L, Shen W C, et al. Syntheses, crystal structures and thermal behavior of two new Sr（Ⅱ）complexes derived from tetrazole-based carboxylic acids[J]. Inorganica Chimica Acta, 2023, 546: 121317.

[88] Gao X Z, Li B, Zhu X S, et al. Accelerated thermal decomposition of ammonium perchlorate by electron transfer from dinuclear rare-earth EMOFs[J]. Journal of Solid State Chemistry, 2023, 324:

124097.

[89] Ye B H, Tong M L, Chen X M. Metal-organic molecular architectures with 2, 2′-bipyridyl-like and carboxylate ligands[J]. Coordination Chemistry Reviews, 2005, 249(5): 545-565.

[90] Duan H, Lin X, Liu G, et al. Synthesis of Ni nanoparticles and their catalytic effect on the decomposition of ammonium perchlorate[J]. Journal of Materials Processing Technology, 2008, 208(1): 494-498.

[91] Zhou L Y, Cao S B, Zhang L L, et al. Promotion of the Co_3O_4/TiO_2 interface on catalytic decomposition of ammonium perchlorate[J]. ACS Applied Materials & Interfaces, 2022, 14(2): 3476-3484.

[92] Zhou L, Cao S, Zhang L, et al. Facet effect of Co_3O_4 nanocatalysts on the catalytic decomposition of ammonium perchlorate[J]. Journal of Hazardous Materials, 2020, 392: 122358.

[93] Tan L, Xu J, Zhang X, et al. Synthesis of g-C_3N_4/CeO_2 nanocomposites with improved catalytic activity on the thermal decomposition of ammonium perchlorate[J]. Applied Surface Science, 2015, 356: 447-453.

[94] Jiang L, Fu X, Meng S, et al. Graphene oxide-(ferrocenylmethyl) dimethylammonium nitrate composites as catalysts for ammonium perchlorate thermolysis[J]. ACS Applied Nano Materials, 2022, 5(1): 1209-1219.

[95] Wan C, Li J, Chen S, et al. In situ synthesis and catalytic decomposition mechanism of $CuFe_2O_4$/g-C_3N_4 nanocomposite on AP and RDX[J]. Journal of Analytical and Applied Pyrolysis, 2021, 160: 105372.

[96] Yang L, Li X, Zhang X, et al. Supercritical solvothermal synthesis and formation mechanism of V_2O_3 microspheres with excellent catalytic activity on the thermal decomposition of ammonium perchlorate[J]. Journal of Alloys and Compounds, 2019, 806: 1394-1402.

[97] Jia Z, Ren D, Wang Q, et al. A new precursor strategy to prepare $ZnCo_2O_4$ nanorods and their excellent catalytic activity for thermal decomposition of ammonium perchlorate[J]. Applied Surface Science, 2013, 270: 312-318.

[98] Yang F, Xu Y, Wang P, et al. Oxygen-enriched metal-organic frameworks based on 1-(trinitromethyl)-1H-1, 2, 4-triazole-3-carboxylic acid and their thermal decomposition and effects on the decomposition of ammonium perchlorate[J]. ACS Applied Materials & Interfaces, 2021, 13(18): 21516-21526.

[99] Zhou P, Zhang S, Ren Z, et al. Study on the thermal decomposition behavior of ammonium perchlorate catalyzed by Zn-Co cooperation in MOF[J]. Inorganic Chemistry Frontiers, 2022, 9(20): 5195-5209.

[100] Liu X, Feng H, Li Y, et al. Ferrocene-based hydrazone energetic transition-metal complexes as multifunctional combustion catalysts for the thermal decomposition of ammonium perchlorate[J]. Journal of Industrial and Engineering Chemistry, 2022, 115: 193-208.

[101] Fang H, Xu R, Yang L, et al. Facile fabrication of carbon nanotubes-encapsulated cobalt (nickel) salt nanocomposites and their highly efficient catalysis in the thermal degradation of ammonium perchlorate and hexogen[J]. Journal of Alloys and Compounds, 2022, 928: 167134.

[102] Li H, Liu B, Xu Y, et al. Tunable catalytic activity of energetic multi-metal hexanitro complexes for RDX decomposition and ignition[J]. Journal of Analytical and Applied Pyrolysis, 2021, 157: 105228.

[103] Ma X, Wang X, Shang F, et al. A study of two metal energetic complexes based on 4-amino-3-(5-tetrazolate)-furazan: synthesis, crystal structure, thermal behaviors and energetic performance[J]. Journal of Analytical and Applied Pyrolysis, 2019, 142: 104666.

[104] Jin X, Zhang J G, Xu C X, et al. Eco-friendly energetic complexes based on transition metal nitrates and 3, 4-diamino-1, 2, 4-triazole (DATr)[J]. Journal of Coordination Chemistry, 2014, 67(19): 3202-3215.

[105] Gao H, Li B, Jin X D, et al. Catalytic kinetic on the thermal decomposition of ammonium perchlorate with a new energetic complex based on 3, 5-bis (3-pyridyl)-1 *H*-1, 2, 4-triazole[J]. Chinese Journal of Structural Chemistry, 2016, 35: 1902-1911.

[106] Li B, Shen D, Chen X, et al. A new 1-D energetic complex [Cu(2, 3′-bpt)$_2$·H$_2$O]$_n$: synthesis, structure, and catalytic thermal decomposition for ammonium perchlorate[J]. Journal of Coordination Chemistry, 2014, 67(11): 2028-2038.

[107] Li B, Han J, Yang Q, et al. A new energetic complex [Co(2, 4, 3-tpt)$_2$(H$_2$O)$_2$]·2NO$_3$: Synthesis, structure, and catalytic thermal decomposition for ammonium perchlorate[J]. Zeitschrift für anorganische und allgemeine Chemie, 2015, 641(14): 2371-2375.

[108] Chen D, Huang S, Zhang Q, et al. Two nitrogen-rich Ni (ii) coordination compounds based on 5, 5′-azotetrazole: synthesis, characterization and effect on thermal decomposition for RDX, HMX and AP[J]. RSC Advances, 2015, 5(41): 32872-32879.

[109] Liu J J, Liu Z L, Cheng J, et al. Synthesis, crystal structure and catalytic effect on thermal decomposition of RDX and AP: an energetic coordination polymer [Pb$_2$(C$_5$H$_3$N$_5$O$_5$)$_2$(NMP)·NMP]$_n$ [J]. Journal of Solid State Chemistry, 2013, 200: 43-48.

[110] Yang Q, Chen S, Gao S. An unexpected 3D (6, 8)-connected metal-organic framework {[Cu$_5$(trz)$_2$(mal)$_2$(fma)(H$_2$O)$_4$]·2H$_2$O}$_n$: Synthesis, structure and catalytic thermodecomposition for ammonium perchlorate[J]. Inorganic Chemistry Communications, 2009, 12(12): 1224-1226.

[111] Kang L, Wei Z, Song J, et al. Two new energetic coordination compounds based on tetrazole-1-acetic acid: syntheses, crystal structures and their synergistic catalytic effect for the thermal decomposition of ammonium perchlorate[J]. RSC Advances, 2016, 6(40): 33332-33338.

[112] Zhai L, Zhang J, Wu M, et al. Balancing good oxygen balance and high heat of formation by incorporating of -C(NO$_2$)$_2$F Moiety and Tetrazole into Furoxan block[J]. Journal of Molecular Structure, 2020, 1222: 128934.

[113] Cao S, Ma X, Ma X, et al. Modulating energetic performance through decorating nitrogen-rich ligands in high-energy MOFs[J]. Dalton Trans, 2020, 49(7): 2300-2307.

[114] Lei G, Zhong Y, Xu Y, et al. New energetic complexes as catalysts for ammonium perchlorate thermal decomposition[J]. Chinese Journal of Chemistry, 2021, 39(5): 1193-1198.

[115] Yang Q, Yang G, Zhang W, et al. Superior thermostability, good detonation properties, insensitivity, and the effect on the thermal decomposition of ammonium perchlorate for a new solvent-free 3D energetic PbII-MOF[J]. Chemistry - A European Journal, 2017, 23(38): 9149-9155.

[116] Liu J, Qiu H, Han J, et al. Synthesis of energetic complexes [Co(en)(H$_2$BTI)$_2$]$_2$·en, [Cu$_2$(en)$_2$(HBTI)$_2$]$_2$ and catalytic study on thermal decomposition of ammonium perchlorate[J]. Propellants, Explosives, Pyrotechnics, 2019, 44(7): 816-820.

[117] Zhong Y, Li Z, Xu Y, et al. Transition metal (Mn/Co/Ni/Cu) complexes based on 1-ethylimidazole and dicyandiamide: syntheses, characterizations, and catalytic effects on the thermal decomposition of ammonium perchlorate[J]. Journal of Energetic Materials, 2021, 39(2): 215-227.

[118] Zhang J, Shreeve J M. 3D Nitrogen-rich metal-organic frameworks: opportunities for safer energetics[J]. Dalton Trans, 2016, 45(6): 2363-2368.

[119] Steinhauser G, Klapötke T M. "Green" pyrotechnics: a chemists' challenge[J]. Angewandte Chemie International Edition, 2008, 47(18): 3330-3347.

[120] Chaturvedi S, Dave P N. A review on the use of nanometals as catalysts for the thermal decomposition of ammonium perchlorate[J]. Journal of Saudi Chemical Society, 2013, 17(2): 135-149.

[121] 曾良鹏, 李孔斋, 黄樊, 等. Co$_3$O$_4$ 纳米催化剂催化 CO 的形貌效应 : 合成过程和催化活性 [J].

催化学报 , 2016, 37(6): 908.

[122] Wang J, Qiao Z, Zhang L, et al. Controlled synthesis of Co_3O_4 single-crystalline nanofilms enclosed by (111) facets and their exceptional activity for the catalytic decomposition of ammonium perchlorate[J]. CrystEngComm, 2014, 16(37): 8673-8677.

[123] 刘清 , 邓真宁 , 滑熠龙 , 等 . 纳米铁的绿色合成及其在环境中的应用研究进展 [J]. 化工进展 , 2020, 39(5): 1950-1963.

[124] 罗运军 , 刘晶如 . 高能固体推进剂研究进展 [J]. 含能材料 , 2007(04): 407-410.

第 **2** 章

配体的量化计算

量子化学是 20 世纪诞生出的一门新兴学科，它基于量子力学原理，研究范围主要是物质的电子结构，涵盖分子的结构和性能，广泛应用在化学、材料学等领域[1,2]。量子化学的核心是求解薛定谔方程，目前常用半经验法（semi-empirical）、HF（Hartree-Fock）计算方法和密度泛函理论（density functional theory，DFT）[3,4] 等方法进行求解。量子化学主要研究分子体系，预测分子结构、电荷分布、化学反应能量等。本书通过 HF 方法和 DFT 方法，在 6-311++G 基组上分析配体的几何结构、电荷分布及分子静电势等参数。

2.1
几何结构优化和电荷分布

本书以 3- 氨基吡唑 -4- 羧酸（H_2apza）、3- 氨基 -1,2,4- 三唑 -5- 羧酸（H_2atzc）和 1H- 四唑 -5- 乙酸（H_2tza）为能量配体，利用 DFT 的 B3LYP/6-311++G 基组和 HF/6-311++G 基组优化配体结构（图 2-1）。由表 2-1 ～表 2-3 中计算结果的比较可知：两种基组计算的键长略有不同。其中，利用 B3LYP/6-311++G 基组计算出的键长比用 HF/6-311++G 基组计算出的结果接近配体的实际值，具有更高的准确性。

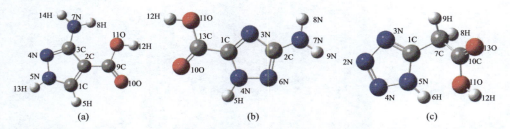

图2-1　3- 氨基吡唑 -4- 羧酸（H_2apza）(a)、3- 氨基 -1,2,4- 三唑 -5- 羧酸（H_2atzc）(b) 和 1H- 四唑 -5- 乙酸（H_2tza）(c) 结构

表2-1　配体 H_2apza 的几何优化参数

键	键长 /nm		
	H_2apza	B3LYP	HF
C(1)-C(2)	1.404	1.4071	1.3976
C(1)-N(6)	1.332	1.3417	1.3256
N(6)-N(4)	1.370	1.3690	1.3564

键	键长 /nm		
	H$_2$apza	B3LYP	HF
C(3)-N(4)	1.338	1.3511	1.3275
C(2)-C(3)	1.390	1.3889	1.3746
C(3)-N(7)	1.382	1.3795	1.3775
C(2)-C(9)	1.472	1.4653	1.4239
C(9)-O(10)	1.250	1.2651	1.2351
C(9)-O(11)	1.271	1.2854	1.2475

表2-2　配体 H$_2$atzc 的几何优化参数

键	键长 /nm	
	B3LYP	HF
O(11)-C(13)	1.3111	1.3535
O(10)-C(13)	1.2708	1.2055
C(13)-C(1)	1.4466	1.4612
C(1)-N(4)	1.3588	1.3290
N(4)-N(6)	1.3807	1.3649
C(2)-N(6)	1.3595	1.3196
C(2)-N(3)	1.3793	1.3686
C(2)-N(7)	1.3560	1.3513
C(1)-N(3)	1.3410	1.3121

表2-3　配体 H$_2$tza 的几何优化参数

键	键长 /nm		
	H$_2$tza	B3LYP	HF
C(1)-C(7)	1.5034	1.49097	1.48676
C(1)-N(5)	1.3345	1.35877	1.33908
C(1)-N(3)	1.3388	1.33762	1.30684
N(2)-N(3)	1.3457	1.40261	1.26789
N(2)-N(4)	1.3129	1.31887	1.27347
N(4)-N(5)	1.3285	1.38380	1.34697
C(7)-C(10)	1.4933	1.51082	1.49662
C(10)-O(13)	1.3155	1.22658	1.20203
C(10)-O(11)	1.2103	1.38934	1.35555

由表2-4～表2-6自然原子电荷计算结果可知，这两种方法计算的电荷分布一致，数值上有稍微不同。杂环上以及氨基上的N原子、羧基上的O原子均带负电荷，碳原子均带正电荷，说明氮原子、氧原子的吸电子能力比较强。并且电荷越负的原子亲核能力就越强，越容易与金属离子配位，配体 H_2apza 吡唑环上的氮原子（N4、N6）和羧基上的氧原子（O10、O11）均带负电荷，表明氮原子和氧原子为潜在的亲核攻击位点，更容易参与配位。配体 H_2atzc 羧基上的 O10、O11 原子以及三唑环上的 N3 原子容易参与配位，使得 H_2atzc 存在多种可能的配位模式，容易形成多样化的结构。配体 H_2tza 的四唑环上的N原子（N2、N3和N5）、羧基上的O原子（O11和O13）均带负电荷，表明它们吸电子能力比较强，容易与金属离子进行配位，可以形成多种晶体结构。

表2-4　配体 H_2apza 的原子电荷

原子	B3LYP(e)	HF(e)
C(1)	0.095	0.207
N(6)	−0.279	−0.380
N(4)	−0.348	−0.272
C(3)	0.638	0.780
C(2)	−0.172	−0.410
C(9)	0.594	0.916
N(7)	−0.783	−0.981
O(10)	−0.480	−0.625
O(11)	−0.588	−0.754

表2-5　配体 H_2atzc 的自然原子电荷

原子	B3LYP（e）	HF（e）
O(11)	−0.216	−0.230
O(10)	−0.319	−0.462
C(13)	0.510	0.746
C(1)	0.386	0.472
C(2)	0.483	0.692
N(7)	−0.794	−0.950
N(4)	−0.586	−0.678
N(6)	−0.170	−0.248
N(3)	−0.368	−0.500

表2-6　配体 H$_2$tza 的自然原子电荷

原子	B3LYP(e)	HF(e)
C(1)	0.490	0.630
N(5)	−0.562	−0.721
C(10)	0.507	0.740
O(13)	−0.375	−0.459
O(11)	−0.582	−0.735
C(7)	−0.341	−0.501
N(4)	0.018	0.050
N(2)	−0.091	−0.083
N(3)	−0.316	−0.364

2.2
分子轨道及其能量分析

为了更深入了解配体分子的电子结构性质，基于分子轨道理论[5]，探究三种杂环配体最高占用轨道（HOMO）和最低占用轨道（LUMO）与供（吸）电子能力的关系。通常，E_{HOMO} 值越大，分子给电子能力越强；E_{LUMO} 数值越大，接受电子能力越强[6]。轨道能量差 ΔE（$\Delta E = E_{LUMO} - E_{HOMO}$）是判断分子稳定性的重要指标，其值越小，分子活性越强。

配体 H$_2$apza 分子总轨道数为 91 个，其中有 33 个为占用轨道。B3LYP/6-311G 计算得到其分子 $E_总$=−467.528hartree，E_{HOMO}=−0.19778hartree，E_{LUMO}=−0.01499hartree，ΔE=0.1827hartree。较小的 ΔE 值表明配体 H$_2$apza 的反应活性较强，由图 2-2 可知，HOMO 和 LUMO 轨道主要分布在吡唑环上。

配体 H$_2$atzc 分子总轨道数为 126 个，其中有 33 个为占用轨道。B3LYP/6-311G 计算得出 $E_总$=−485.4602hartree，E_{HOMO}=−0.30613hartree，E_{LUMO}=−0.24860hartree。ΔE=0.05753hartree。ΔE 值较小，表明 H$_2$atzc 具有较高的活性。图 2-3 为 H$_2$atzc 的轨道能级图，从图 2-3 可知，HOMO 轨道与 LUMO 轨道主要分布在三唑环上。

配体 H$_2$tza 分子总轨道数为 89 个，其中有 33 个为占用轨道。利用 B3LYP/6-311++G 基组计算得出 $E_总$=−485.9449hartree，E_{HOMO} 和 E_{LUMO} 分别为 −0.05207hartree 和 −0.029612hartree。$\Delta E = E_{LUMO} - E_{HOMO}$=0.02246hartree。$\Delta E$ 值较小，表明 H$_2$tza 具有较高的活性。由图 2-4 可知，HOMO 轨道主要分布在四唑环上，LUMO 轨道主要分布在羧酸基团上。

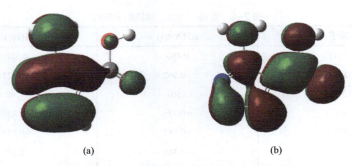

(a)   (b)

图2-2 H₂apza的HUMO(a)和LOMO(b)轨道图

(a)   (b)

图2-3 H₂atzc的HUMO(a)和LOMO(b)轨道图

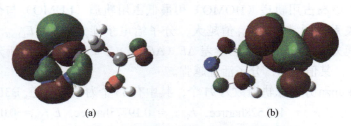

(a)   (b)

图2-4 H₂tza的HUMO(a)和LOMO(b)轨道图

2.3
配体的重要参数

为了研究含能配体的系统稳定性和反应活性，通过分子轨道及其能量分析的数据计算配体的相关参数进行分析和简单推测。利用 HOMO 和 LUMO 的轨道能量计算配体的电离能（I）和电子亲和能（A），推测配体的接受（供）电子的特性；化学硬度（η）和柔软度（S）可用于推测分子的稳定性和反应活性；化学势（μ）、亲电指数（ω）、亲核指数（N）、附加电核（ΔN）和光学柔软度（σ_o）等参数，可推测配体的亲电特性。计算公式如式（2-1）～式（2-9）所示。

$$I=E_{HOMO} \tag{2-1}$$

$$A=-E_{LOMO} \tag{2-2}$$

$$\eta=(1-A)/2 \tag{2-3}$$

$$\mu=-(1+A)/2 \tag{2-4}$$

$$\omega=\mu^2/2\eta \tag{2-5}$$

$$N=1/\omega \tag{2-6}$$

$$S=1/2\eta \tag{2-7}$$

$$\Delta N=-\mu/\eta \tag{2-8}$$

$$\sigma_o=1/\Delta E \tag{2-9}$$

根据以上公式计算相关参数，结果如表 2-7 所示，较大的 η 值和 S 值表明配体具有良好的稳定性和反应性[7]。较大的 ω 值（$\omega>1.5$，强亲电性；$0.8<\omega<1.5$，中等亲电强度；$\omega<0.8$，弱亲电性）说明其具有较强的亲电性[8]。

表2-7　配体的相关参数

配体	I	A	η	μ	ω	N	S	ΔN	σ_o
H_2apza	6.2610	0.5869	2.8371	−3.4240	2.0662	0.4840	0.1762	1.2069	0.1762
H_2atzc	8.3298	6.7644	0.7827	−7.5471	36.3860	0.0275	0.6388	9.6424	0.6388
H_2tza	1.4169	0.8057	0.3056	−1.1113	2.0206	-0.4949	1.6361	3.6365	1.6348

2.4
分子静电势

分子静电势图通常用来预测分子的反应活性位点，静电势图中不同的颜色代表不同的静电势值，偏向红色的部分代表负的静电势，偏向蓝色的部分代表正的静电势。

配体 H_2apza 的分子静电势图如图 2-5 所示，配体 H_2apza 和吡唑环上的氮原子（N2、N3）容易和金属离子配位形成金属配合物。

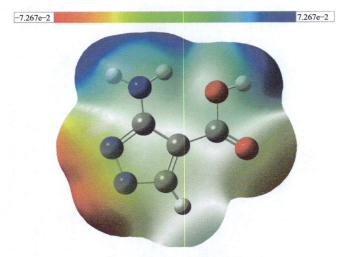

图2-5 H₂apza的静电势图

图 2-6 为 H₂atzc 的静电势图，从图可以看出 H₂atzc 中羧基上的 O 原子、三唑上的 N11、N8 原子的静电势较负，容易与金属离子配位。

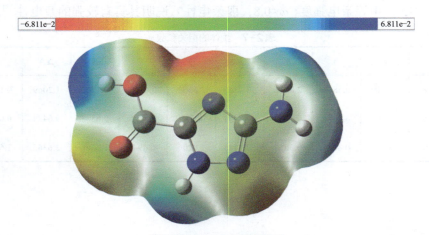

图2-6 H₂atzc的静电势图

图 2-7 为 H₂tza 的静电势图。配体羧基上的 O 原子、四唑环上的 N 原子的静电势偏向红色，为负静电势，容易与金属离子配位。

三种配体的静电势图结果与分子电荷分布计算结果一致。

在以上分析的基础上，对三种配体的配位模式进行预测，如图2-8～图2-10所示。分析结果有助于配合物的定向构筑。

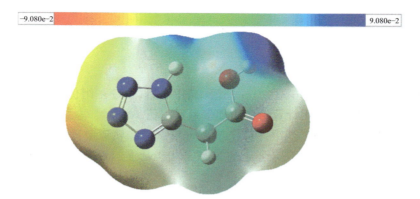

图2-7　H₂tza的静电势图

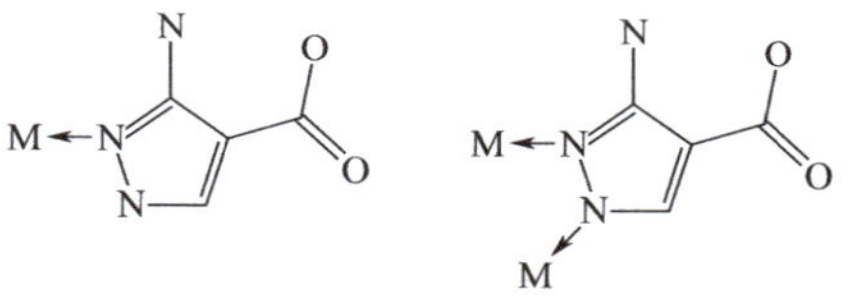

图2-8　H₂apza可能的配位模式

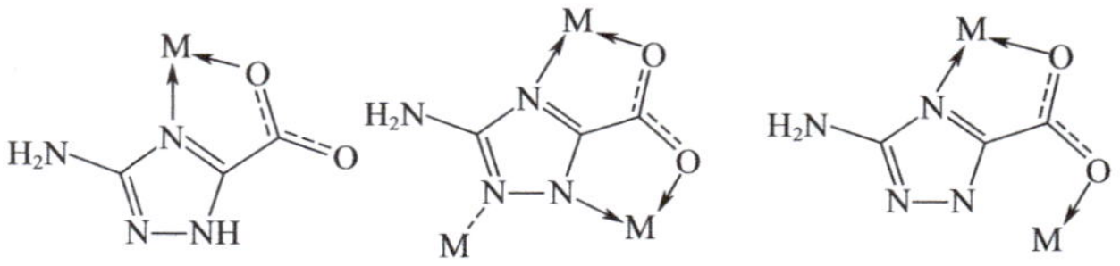

图2-9　H₂atzc可能的配位模式

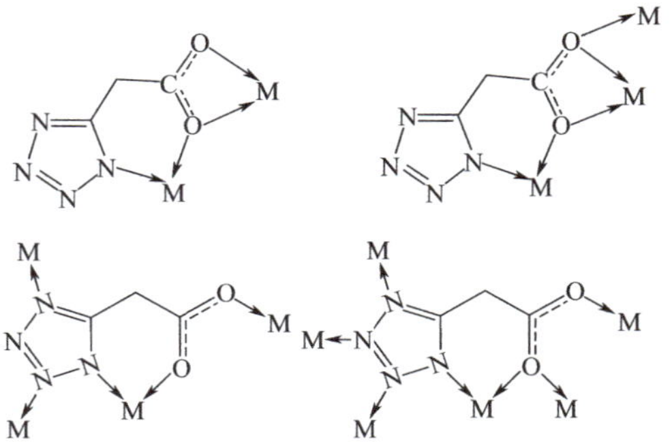

图2-10　H₂tza可能的配位模式

2.5

小结

利用 DFT 的 B3LYP/6-311++G 基组和 HF/6-311++G 基组优化配体结构，发现 B3LYP/6-311++G 基组计算结果更加接近实测值。

由 B3LYP/6-311++G 基组计算出电荷分析、前线轨道及静电势图可知：三种配体的负电荷主要分布在杂环上的 N 原子和羧基上的 O 原子上，有较多的活性位点，易与金属离子进行配位，分析预测了三种配体可能的配位模式，为相关配合物的构筑奠定了理论基础。

参考文献

[1] 付立海，李秀梅，刘博，等. 两种铜配位聚合物的晶体结构和量子化学计算（英文）[J]. 无机化学学报，2022, 38(11): 2249-2258.

[2] 马志研. 有机硼化合物电子结构与性质的密度泛函理论研究 [D]. 沈阳：辽宁大学，2020.

[3] 陈颖健. 密度泛函理论和量子化学计算 [J]. 国外科技动态，1999, 01: 11-14.

[4] 伍林，张正富，孙力军. 量子化学方法及其在化学计算中的应用 [J]. 广西轻工业，2009, 25(04): 42-43+45.

[5] Tanaka K, Chujo Y. New idea for narrowing an energy gap by selective perturbation of one frontier molecular orbital[J]. Chemistry Letters, 2021, 50(2): 269-279.

[6] Singaravelan K, Chandramohan A, Raja G, et al. Structural, spectral, physiochemical, computational studies and pharmacological screening of a new organic salt: 2, 6-diamino pyridinium-2-nitrobenzoate[J]. Journal of Molecular Structure, 2019, 1178: 692-701.

[7] Zhang S, Liu Y, Gu P, et al. Enhanced photodegradation of toxic organic pollutants using dual-oxygen-doped porous g-C3N4: Mechanism exploration from both experimental and DFT studies[J]. Applied Catalysis B: Environmental, 2019, 248: 1-10.

[8] Janani S, Rajagopal H, Muthu S, et al. Molecular structure, spectroscopic (FT-IR, FT-Raman, NMR), HOMO-LUMO, chemical reactivity, AIM, ELF, LOL and molecular docking studies on 1-benzyl-4-(N-Boc-amino)piperidine[J]. Journal of Molecular Structure, 2021, 1230: 129657-129672.

第 **3** 章

氮杂环类过渡金属含能燃烧催化剂的制备、表征及催化性能

　　金属有机含能配合物因自身结构的多样性在催化、磁性等领域具有良好的应用潜力。为获得性能优异的含能燃烧催化剂，选择合适的配体至关重要[1,2]。氮杂环类配体因氮含量较高可有效调节能量特性，羧基基团具有孤对电子和多种配位模式，易与金属离子发生配位，形成金属含能配合物。因此，在本章中，选择 3-氨基吡唑 -4- 羧酸（H_2apza）、3- 氨基 -1,2,4- 三唑 -5- 羧酸（H_2atzc）和 1H- 四唑 -5-乙酸（H_2tza）作为能量配体，通过溶液法和水热法等方法与过渡金属盐反应，制备出系列新型含能材料，并探究它们的热稳定性、爆轰性能、机械感度及催化燃烧性能。

3.1
试剂及仪器

　　实验所用主要试剂如表 3-1 所示。

表3-1　主要试剂

试剂	来源	级别
3- 氨基吡唑 -4- 羧酸（H_2apza）	阿拉丁试剂公司	分析纯
3- 氨基 -1,2,4- 三唑 -5- 羧酸（H_2atzc）	阿拉丁试剂公司	分析纯
1H- 四唑 -5- 乙酸（H_2tza）	阿拉丁试剂公司	分析纯
$Mn(OAc)_2 \cdot 4H_2O$	阿拉丁试剂公司	分析纯
$AgNO_3$	阿拉丁试剂公司	分析纯
$MnCl_2$	阿拉丁试剂公司	分析纯
$FeCl_3 \cdot 6H_2O$	阿拉丁试剂公司	分析纯
$Co(OAc)_2 \cdot 4H_2O$	阿拉丁试剂公司	分析纯
$NiCl_2 \cdot 6H_2O$	阿拉丁试剂公司	分析纯
$Cu(NO_3)_2 \cdot 3H_2O$	阿拉丁试剂公司	分析纯
$Zn(NO_3)_2 \cdot 6H_2O$	阿拉丁试剂公司	分析纯
$Cd(NO_3)_2 \cdot 2H_2O$	阿拉丁试剂公司	分析纯
$HoCl_3 \cdot 6H_2O$	阿拉丁试剂公司	分析纯
$Zn(OAc)_2 \cdot 2H_2O$	阿拉丁试剂公司	分析纯
$Cd(OAc)_2 \cdot 2H_2O$	阿拉丁试剂公司	分析纯
$Co(NO_3)_2 \cdot 2H_2O$	阿拉丁试剂公司	分析纯

　　实验所用主要仪器如表 3-2 所示。

表3-2　主要仪器

型号名称	生产厂家
Smart Apex II CCD X 射线单晶衍射仪	德国 Bruker 公司
EQINOX-55 型红外光谱仪（KBr 压片）	德国 Bruker 公司

续表

型号名称	生产厂家
Vario EL cube 型元素分析仪	德国 Elementar 公司
Labsys Evo 同步热分析仪	法国赛特拉姆公司
DMax/2200PC X 射线衍射仪	日本 Riga Ku 公司
B210S 电子分析天平	北京赛多利斯天平有限公司

3.2
氮杂环类过渡金属含能配合物的制备及表征

3.2.1　吡唑类配合物的制备及表征

3.2.1.1　吡唑类配合物的制备

（1）配合物 Co(Hapza)$_2$(H$_2$O)$_4$ (**1**) 的制备

将 H$_2$apza（12.7mg，0.10mmol）溶解于 8mL 甲醇中，将 Co(NO$_3$)$_2$·6H$_2$O（14.6mg，0.05mmol）溶解于 7mL 蒸馏水中，用 0.5mol·L^{-1}KOH 调节 pH=8，二者混合后置于室温下搅拌 30min 后过滤封膜，静置一个月，烧杯底部有粉红色块状晶体出现。产率 53%（基于 Co）。元素分析理论值：C，25.05%；H，4.18%；N，21.92%；实测值：C，24.98%；H，4.20%；N，22.06%。红外（IR）分析（KBr, cm^{-1}）：3211s，1616m，1562m，1512m，1423s，1325s，1183w，1072w，958m，891w，768m，673m，477m。

（2）配合物 Zn(Hapza)$_2$(H$_2$O)$_4$ (**2**) 的制备

将 H$_2$apza（6.4mg，0.05mmol）溶解于 10mL 甲醇中，将 Zn(OAc)$_2$·2H$_2$O（22.0mg，0.10mmol）溶解于 5mL 蒸馏水中，用 0.1mol·L^{-1}HCl 调节 pH=7，二者混合后置于室温下搅拌 30min 后过滤封膜，静置两周，烧杯底部有无色片状晶体出现。产率 47%（基于 H$_2$apza）。元素分析理论值：C，24.64%；H，4.11%；N，21.56%；实测值：C，25.41%；H，4.03%；N，21.69%。红外分析（KBr，cm^{-1}）：3365s，1626m，1565m，1517m，1422s，1324s，1186w，1077w，958m，898w，770m，663m，467m。

（3）配合物 Cd(Hapza)$_2$(H$_2$O)$_4$ (**3**) 的制备

将 H$_2$apza（6.4mg，0.05mmol）溶解于 3mL 甲醇中，将 Cd(NO$_3$)$_2$·3H$_2$O（36.3mg，0.15mmol）溶解于 3mL 蒸馏水中，用 0.5mol·L^{-1}KOH 调节 pH=8，二者混合后置于室温下搅拌 30min 后倒入 15mL 反应釜，程序升温至 130℃并保

温 72h，再以 3℃·h^{-1} 的降温速率降至室温。反应釜底部有无色块状晶体出现。产率 62%（基于 H$_2$apza）。元素分析理论值：C，21.98%；H，3.66%；N，19.24%；实测值：C，22.76%；H，3.58%；N，19.69%。红外分析（KBr，cm^{-1}）：3324s，1626m，1553m，1417m，1420s，1331s，1183w，1059w，945m，879w，806m，610m，464m。

3.2.1.2　吡唑类配合物的晶体结构测定与分析

利用 Bruker Smart Apex Ⅱ CCD 衍射仪，使用石墨单色 Mo Kα 辐射进行 X 单晶衍线实验（λ=0.71073Å）利用 Olex2[3] 求解程序通过电荷翻转求解该结构，并通过 SHELXL[4] 程序在 F^2 上的全矩阵最小二乘法程序进行优化。吡唑类配合物的晶体学数据、键长和键角及氢键等相关参数列于表 3-3 ～表 3-6。

表3-3　吡唑类配合物 1 ～ 3 晶体学数据表

项目	配合物 1	配合物 2	配合物 3
分子式	CoC$_8$H$_{16}$N$_6$O$_8$	ZnC$_8$H$_{16}$N$_6$O$_8$	CdC$_8$H$_{16}$N$_6$O$_8$
分子量	383.20	389.64	436.67
晶系	三斜晶系	三斜晶系	单斜晶系
空间群	$P\bar{1}$	$P\bar{1}$	$C2/m$
a /Å	7.06900(10)	7.0762(5)	14.7381(3)
b/Å	7.24310(10)	7.2494(5)	7.02350(10)
c/Å	7.46990(10)	7.5107(5)	7.02350(10)
$α$/(°)	99.9180(10)	100.165(2)	90
$β$/(°)	110.57	110.901(2)	110.6500(10)
$γ$/(°)	97.6920(10)	97.577(2)	90
V /Å^3	344.821(8)	346.24(2)	707.45(2)
Z	1	1	2
D_c/g·cm^{-3}	1.845	1.869	2.050
M/mm^{-1}	1.302	1.831	1.600
F (000)	197.0	200.0	436.0
F^2 的拟合优度	1.060	0.900	1.106
R 指数（最终）[$I > 2σ(I)$]	R_1=0.0280 wR_2=0.0826	R_1=0.0225 wR_2=0.0642	R_1=0.0255 wR_2=0.0674
R 指数（所有数据）	R_1=0.0295, wR_2=0.0835	R_1=0.0224, wR_2=0.0647	R_1=0.0255, wR_2=0.0674

表3-4　配合物 1 ~ 3的主要键长数据

键	键长 /Å	键	键长 /Å
配合物 1			
Co1-O2	2.1119(15)	N1-N2	1.370(2)
Co1-O2 I	2.1119(15)	N1-C1	1.332(3)
Co1-O1 I	2.1166(15)	N2-C2	1.338(3)
Co1-O1	2.1166(15)	N3-C2	1.382(3)
Co1-N1	2.1154(16)	C4-C3	1.472(2)
Co1-N1 I	2.1154(16)	C3-C1	1.404(3)
O4-C4	1.271(2)	C3-C2	1.390(3)
O3-C4	1.250(3)		
配合物 2			
Zn1-O1 I	2.1501(13)	N1-N2	1.372(2)
Zn1-O1	2.1501(13)	N1-C1	1.321(2)
Zn1-O2	2.1245(13)	N2-C2	1.339(2)
Zn1-O2 I	2.1245(13)	N3-C2	1.383(2)
Zn1-N1	2.1049(14)	C1-C3	1.404(2)
Zn1-N1 I	2.1050(14)	C2-C3	1.391(2)
O3-C4	1.272(2)	C3-C4	1.475(2)
O4-C4	1.251(2)		
配合物 3			
Cd1-O1 I	2.340(2)	N2-N1	1.361(5)
Cd1-O1	2.340(2)	N2-C3	1.341(5)
Cd1-O1 II	2.340(2)	N1-C1	1.325(5)
Cd1-O1 III	2.340(2)	C3-C2	1.379(5)
Cd1-N1	2.281(3)	C3-N3	1.356(6)
Cd1-N1 II	2.281(3)	C2-C4	1.458(5)
O2-C4	1.260(5)	C2-C1	1.392(5)
O3-C4	1.264(5)		

注：1. 配合物 1 对称代码： I 1−x，−y，−z。
2. 配合物 2 对称代码： I 1−x，−y，−z。
3. 配合物 3 对称代码： I +x，−y，+z； II 1−x，1−y，2−z； III 1−x，+y，2−z。

表3-5　配合物 1 ~ 3的键角数据

键	键角 /(°)	键	键角 /(°)
配合物 1			
Co1-O2	2.1119(15)	N1-N2	1.370(2)
O2 I -Co1-O1 I	86.80(6)	O2-Co1-N1	88.64(6)
O2-Co1-O1	86.80(6)	O2 I -Co1-N1 I	88.64(6)
O2-Co1-O1 I	93.20(6)	O2 I -Co1-N1	91.36(6)

键	键角 /(°)	键	键角 /(°)
O2-Co1-N1 ^{I}	91.36 (6)	N1-C1-N2	116.91(17)
O1-Co1-O1 ^{I}	180.0	C1-C2-C4	124.43(18)
N1 ^{I}-Co1-O1 ^{I}	92.65(6)	C3-C2-C1	118.65(18)
N1-Co1-O1 ^{I}	87.35(6)	C3-C2-C4	129.13(18)
N1 ^{I}-Co1-O1	87.35 (6)	N3-C3-C2	126.63(18)
N1-Co1-O1	92.65 (6)	N2-C2-N3	104.16(17)
N1-Co1-N1 ^{I}	180.0	N2-C3-C2	111.66(18)
N2-N1-Co1	126.09(13)	O1-C4-O2	122.36(18)
C1-N1-Co1	128.23(14)	O1-C4-C2	107.63(17)
C1-N1-N2	105.32(15)	O2-C4-C2	129.95(18)
C2-N2-N1	111.22(16)		
配合物 2			
O1 ^{I}-Zn1-O1	180.0	N2-N1-Zn2	126.19(11)
O2 ^{I}-Zn1-O1 ^{I}	93.41(5)	C1-N1-Zn1	127.84(12)
O2 ^{I}-Zn1-O1	86.59(5)	C1-N1-N2	105.50(13)
O2-Zn1-O1	93.41(5)	C2-N2-N1	111.00(14)
O2-Zn1-O1 ^{I}	86.59(5)	N1-C1-C3	111.60(15)
O2 ^{I}-Zn1-O2	180.0	N2-C2-N3	122.40(16)
N1 ^{I}-Zn1-O1	87.12(5)	N2-C2-C3	107.72(15)
N1-Zn1-O1^{I}	87.12(5)	N3-C2-C3	129.82(15)
N1 ^{I}-Zn1-O1^{I}	92.88(5)	C1-C3-C4	129.05(16)
N1-Zn1-O1	92.88(5)	C2-C3-C1	104.17(14)
N1 ^{I}-Zn1-O2	89.17(5)	C2-C3-C4	126.70(15)
N1 ^{I}-Zn1-O2 ^{I}	90.83(5)	O3-C4-C3	116.77(15)
N1-Zn1-O2 ^{I}	89.17(5)	O4-C4-O3	124.66(16)
N1-Zn1-O2	90.83(5)	O4-C4-C3	118.56(15)
N1-Zn1-N1 ^{I}	180.0		
配合物 3			
O1 ^{I}-Cd1-O1 ^{II}	180.0	N1 ^{III}-Cd1-O1 ^{I}	89.75(9)
O1 ^{III}-Cd1-O1	180.00(9)	N1 ^{III}-Cd1-O1 ^{III}	90.25(9)
O1 ^{I}-Cd1-O1	86.48(16)	N1 ^{III}-Cd1-O1	89.75(9)
O1 ^{II}-Cd1-O1 ^{III}	86.48(16)	N1-Cd1-O1 ^{II}	89.75(9)
O1 ^{I}-Cd1-O1 ^{III}	93.52(16)	N1-Cd1-O1 ^{I}	90.25(9)
O1 ^{II}-Cd1-O1	93.52(16)	N1-Cd1-O1 ^{III}	180.0
N1-Cd1-O1	90.25(9)	C3-N2-N1	111.1(3)
N1-Cd1-O1 ^{III}	89.75(9)	N2-N1-Cd1	128.2(2)
N1 ^{III}-Cd1-O1 ^{II}	90.25(9)	C1-N1-Cd1	126.9(3)

续表

键	键角 /(°)	键	键角 /(°)
C1-N1-N2	104.9(3)	C1-C2-C4	128.8(3)
N2-C3-C2	107.9(3)	C1-C2-C4	128.8(3)
N2-C3-N3	123.0(4)	O2-C4-O3	123.1(3)
N3-C3-C2	129.1(4)	O2-C4-C2	118.7(3)
C3-C2-C4	127.3(3)	O3-C4-C2	118.1(3)
C3-C2-C1	104.0(3)	N1-C1-C2	112.2(4)

注: 1. 配合物 **1** 对称代码: [I] 1−x, −y, −z。

2. 配合物 **2** 对称代码: [I] 1−x, −y, −z。

3. 配合物 **3** 对称代码: [I] +x, −y, +z; [II] 1−x, 1−y, 2−z; [III] 1−x, +y, 2−z。

表3-6 配合物 **1 ~ 3** 的氢键长度和角度

D—H···A	d(D-H)/Å	d(H···A)/Å	d(D···A)/Å	∠(DHA)/(°)
配合物 1				
O2—H2A···O4 [I]	0.85	1.84	2.693(2)	178.2
O2—H2B···O4 [II]	0.85	1.93	2.747(2)	160.1
O1—H1A···O3 [III]	0.85	1.81	2.658(2)	176.5
配合物 2				
O1—H1A···O4 [I]	0.85	1.81	2.664(2)	177.7
O2—H2A···O3 [II]	0.85	1.84	2.6878(17)	178.09
O2—H2B···O3 [III]	0.85	1.94	2.7542(18)	160.0
配合物 3				
O1—H1A···O3 [II]	0.86	1.89	2.715(3)	160.2
O1—H1B···O2 [I]	0.86	2.03	2.830(4)	154.9

注: 1. 配合物 **1** 对称代码: [I] 2−x, 1−y, 1−z; [II] +x, −1+y, −1+z; [III] +x, −1+y, +z。

2. 配合物 **2** 对称代码: [I] +x, −1+y, +z; [II] −1+x, −1+y, −1+z; [III] 1−x, 1−y, 1−z。

3. 配合物 **3** 对称代码: [I] +x, +y, 1+z; [II] 1/2−x, −1/2+y, 1−z。

（1）配合物 **1** 的单晶结构

由 X 射线单晶衍射结果可知，配合物 **1** 属于三斜晶系，*P*i 空间群，其中每一个独立的单元包括一个 Co(Ⅱ) 离子，两个 Hapza⁻ 离子和四个配位水分子。配位模式如图 3-1 所示，中心 Co(Ⅱ) 离子为六配位，两个氮原子（N1 [I]，N1）分别来自两个 Hapza⁻ 配体离子，四个氧原子（O1，O2，O1 [I]，O2 [I]）分别来自四个配位水分子，形成扭曲的八面体构型。Co—O 的键长为 2.1119(15)Å 和 2.1166(15)Å，Co—N 的键长为 2.1154(16)Å。配合物 **1** 属于零维结构，相邻的零维结构通过氢键（O2—H2B···O4 [II]）形成一维链状结构（图 3-2），进一步通过氢键（O1—H1A···O3 [III]，O2—H2A···O4 [I]）形成三维超分子结构（图 3-3）。

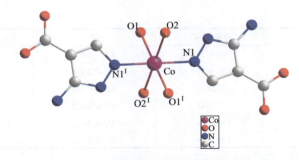

图3-1 配合物1中Co(Ⅱ)离子的配位环境

图3-2 配合物1的一维链状图

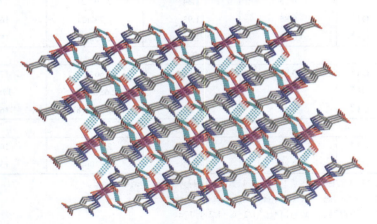

图3-3 配合物1的三维超分子结构

（2）配合物 **2** 的单晶结构

配合物 **2** 与配合物 **1** 是同构的，Zn(Ⅱ)是六配位的八面体构型，不对称单元由一个独立的Zn(Ⅱ)中心，两个Hapza⁻配体和四个配位水分子组成（图3-4）。Zn（Ⅱ）离子与四个配位水的氧原子（O1，O2，O1 ᴵ，O2 ᴵ）以及两个Hapza⁻配体离子的氮原子（N1 ᴵ，N1），通过桥联的模式链接形成零维结构，进一步通过氢键（O2—H2B…O3 ᴵᴵᴵ）形成一维链状结构（图3-5），氢键（O1—H1A…O4 ᴵ，O2—H2A…O3 ᴵᴵ）作为链接枢纽将一维链进一步连接形成三维超分子结构（图3-6）。

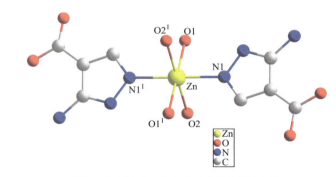

图 3-4　配合物 **2** 中 Zn(Ⅱ) 离子的配位环境

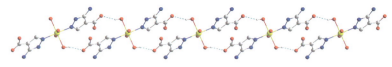

图 3-5　配合物 **2** 的一维链状图

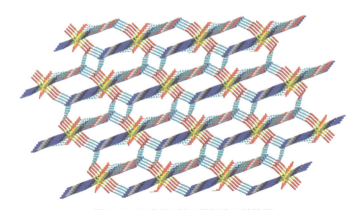

图 3-6　配合物 **2** 的三维超分子结构图

（3）配合物 **3** 的单晶结构

配合物 **3** 属于单斜晶系，$C2/m$ 空间群，为单核结构，中心金属离子 Cd(Ⅱ) 为六配位，其中每一个独立的单元包括一个 Cd(Ⅱ) 离子，两个 Hapza⁻ 配体离子和四个配位水分子。配位模式如图 3-7 所示，轴向的两个氮原子（N1ᴵ，N1）分别来自两个 Hapza⁻ 配体离子，赤道平面的四个氧原子（O1，O1ᴵ，O1Ⅱ，O1Ⅲ）分别来自四个配位水分子，呈现出扭曲的八面体构型。Cd—O 的键长为 2.340(2)Å，Cd—N 的键长为 2.281(3)Å，与配合物 **1**、**2** 相似。配合物 **3** 属于零维结构，相邻的零维结构通过氢键（O1—H1A···O3Ⅱ）形成一维链状结构（图 3-8），一维结构进一步通过氢键（O1—H1B⋯O2 ^{I}，N3—H3A⋯O3）形成三维超分子结构（图3-9）。

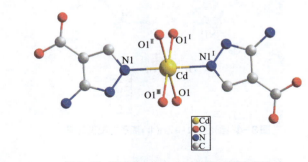

图3-7 配合物3中Cd(Ⅱ)离子的配位环境

图3-8 配合物3的一维链状图

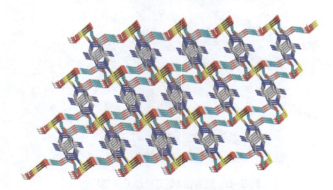

图3-9 配合物3的三维超分子结构图

3.2.1.3 吡唑类配合物的红外表征与分析

对比配体3-氨基吡唑-4-羧酸（H$_2$apza）和三个配合物的红外谱图（图3-10～图3-13）分析可知，系列配合物 **1**～**3** 在 3360cm^{-1} 附近产生一个中等强度的宽吸收峰，该峰是配合物中水分子的伸缩振动效应引起的，表明配合物中有配位或游离的水分子。1550cm^{-1} 与 3300cm^{-1} 附近出现的宽吸收峰，属于氨基的 δ（N—H）和 ν（N—H）。1470cm^{-1} 和 1620cm^{-1} 附近出现的吸收峰，对应羧基的对称振动吸收 ν$_s$（COO$^-$）和反对称振动吸收 ν$_{as}$（COO$^-$）。720～850cm^{-1} 出现的吸

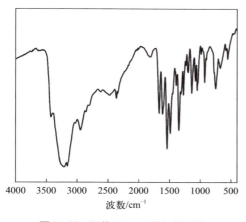

图3-10 配体H₂apza的红外图谱

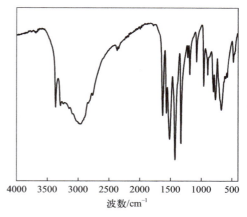

图3-11 配合物**1**的红外图谱

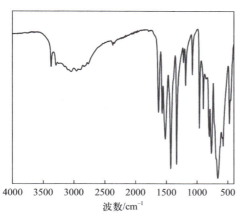

图3-12 配合物**2**的红外图谱

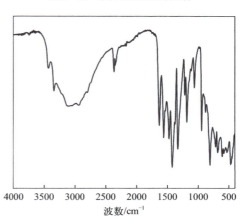

图3-13 配合物**3**的红外图谱

收峰属于 M-N 的伸缩振动。红外光谱数据印证了单晶衍射的测试结果。

3.2.1.4 吡唑类配合物的热稳定性表征与分析

（1）配合物 **1** 的热稳定性

配合物 **1** 的失重主要分为两个连续的阶段（图 3-14）。第一阶段在 108.9 ～ 220.1℃范围内。配合物 **1** 在 220.1 ～ 244.5℃范围内保持基本结构的稳定，主体框架在 244.5 ～ 361.2℃分解，在此之后不再出现质量损失，最终剩余率为 20.3%，推测残余物为 CoO（理论值：19.5%）。

（2）配合物 **2** 的热稳定性

与配合物 **1** 相似，配合物 **2** 的失重也分为两个连续的阶段（图 3-15）。第一

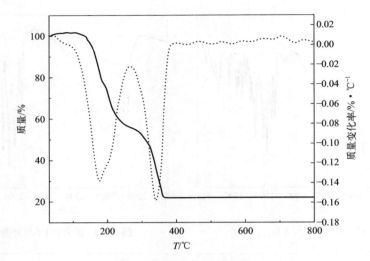

图3-14 配合物1的热稳定性

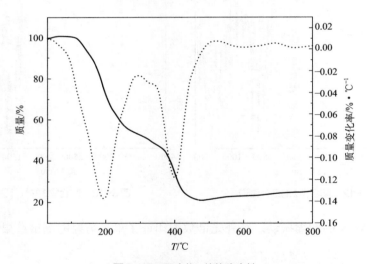

图3-15 配合物2的热稳定性

阶段在 114.2 ～ 232.5℃范围内，随后在 232.5 ～ 374.8℃范围内保持基本框架的稳定，主体框架在 374.8 ～ 460.9℃分解，在此之后不再出现质量损失，最终剩余率为 21.8%，推测残余物为 ZnO（理论值：21.3%）。

（3）配合物 **3** 的热稳定性

配合物 **3** 的失重也分为两个连续的阶段（图 3-16）。在 105.0 ～ 199.6℃为另一个失重过程，配合物 **3** 在 199.6 ～ 302.4℃范围内保持基本结构的稳定，主体框架在 302.4 ～ 403.5℃分解，在此之后不再出现质量损失，最终剩余率为 30.7%，推测残余物为 CdO（理论值：29.9%）。

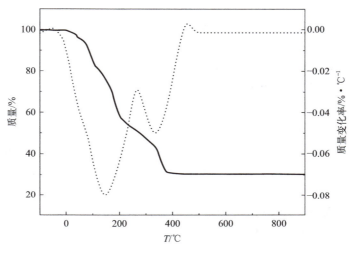

图3-16　配合物3的热稳定性

3.2.1.5　吡唑类配合物的元素分析表征

利用 Vario EL cube 型元素分析仪对配合物 **1** ～ **3** 中的 C、H、N 三种元素的含量进行测定，并与理论值进行了比较。由表 3-7 可知，配合物 **1** ～ **3** 的元素含量理论值与实际值十分接近，说明制备的配合物纯度很高，与单晶衍射结果吻合。

表3-7　配合物 **1** ～ **3**的元素分析

配合物	实测值（理论值）/%		
	C	**N**	**H**
1	25.05(24.98)	21.92(22.06)	4.18(4.20)
2	24.64(25.41)	21.56(21.69)	4.11(4.03)
3	21.98(22.76)	19.24(19.69)	3.66(3.58)

3.2.2　三唑类配合物的制备及表征

3.2.2.1　三唑类配合物的制备

（1）配合物 Mn(Hatzc)$_2$(H$_2$O)$_2$ **(4)** 的制备

将 H$_2$atzc（6.4mg，0.05mmol）溶解于 1mL NaOH（1mol·L^{-1}）溶液中，加

入 5mL 蒸馏水与 5mL EtOH，用 1mol·L^{-1} 盐酸调节 pH=6，将 MnCl$_2$（6.3mg，0.05mmol）溶解于 5mL 蒸馏水中，二者混合后置于室温下搅拌 30min，充分反应后过滤、静置，三周后得到无色块状晶体。产率：56%（基于 Mn）。IR（cm^{-1}，KBr）：3523s，3431s，2360w，1647s，1636w，1596s，1522m，1476m，1404m，1296s，1103s，816w，750m，729w，681w。

（2）配合物 [Fe(Hatzc)(atzc)H$_2$O]·3H$_2$O (**5**) 的制备

将 H$_2$atzc（5.1mg，0.04mmol）溶解于 1mL NaOH（1mol·L^{-1}）溶液中，加入 5mL 蒸馏水与 5mL EtOH，用 1mol·L^{-1}HCl 调节 pH=6，将 FeCl$_3$·6H$_2$O（11.0mg，0.04mmol）溶解于 5mL 蒸馏水中，二者混合后置于室温下搅拌 30min，充分反应后过滤、静置，四周后得到橙色块状晶体。产率：52%（基于 H$_2$atzc）。IR（cm^{-1}，KBr）：3400s，2945w，1651s，1551w，1462s，1408m，1358m，1269s，1118s，843m，758m，725w，654w。

（3）配合物 [Co(Hatzc)$_2$(H$_2$O)$_2$]·2H$_2$O (**6**) 的制备

将 H$_2$atzc（6.4mg，0.05mmol）溶解于 1mL NaOH（1mol·L^{-1}）溶液中，加入 4mL 蒸馏水，用 1mol·L^{-1}HCl 调节 pH=6，置于试管底部；将甲醇溶液置于试管中部（$V_甲/V_水$=1:1，4mL）；将 Co(OAc)·4H$_2$O（12.5mg，0.05mmol）溶解于 4mL 甲醇溶液中（$V_甲/V_水$=3:1），置于试管上部。三周后得到红色针状晶体。产率：53%（基于 H$_2$atzc）。IR（cm^{-1}，KBr）：3479s，3410m，3335m，2901w，2775w，1651s，1564w，1525w，1487m，1369m，1302s，1110w，815m，727w，605w。

（4）配合物 [Cu(atzc)(H$_2$O)]·H$_2$O (**7**) 的制备

将 H$_2$atzc（6.4mg，0.05mmol）溶解于 1mL NaOH（1mol·L^{-1}）溶液中，加入 4mL 蒸馏水，用 1mol·L^{-1}HCl 调节 pH=6，置于试管底部；将甲醇溶液置于试管中部（$V_甲/V_水$=1:1，4mL）；将 Cu(NO$_3$)$_2$·3H$_2$O（12.1mg，0.05mmol）溶解于 4mL 甲醇溶液中（$V_甲/V_水$=3:1），置于试管上部。三周后得到蓝色块状晶体。产率：48%（基于 H$_2$atzc）。IR（cm^{-1}，KBr）：3419s，3323m，2771w，1653s，1543w，1473m，1369m，1300s，1111w，846m，759m，721w，640w。

（5）配合物 Zn(Hatzc)$_2$(H$_2$O) (**8**) 的制备

将 H$_2$atzc（6.4mg，0.05mmol）溶解于 1mL NaOH（1mol·L^{-1}）溶液中，加入 5mL 蒸馏水与 5mL EtOH，用 1mol·L^{-1}HCl 调节 pH=5，将 Zn(NO$_3$)$_2$·6H$_2$O（29.8mg，0.1mmol）溶解于 5mL 蒸馏水中，二者混合后置于室温下搅拌 30min，充分反应后过滤、静置，四周后得到无色片状晶体。产率：61%（基于 H$_2$atzc）。IR（cm^{-1}，KBr）：3435s，3335s，3221w，2962w，2362w，1653m，1608w，

1531s，1473m，1387w，1305s，1120m，840m，817m，756w，729w，644w。

（6）配合物 Cd(Hatzc)$_2$H$_2$O (**9**) 的制备

将 H$_2$atzc（2.6mg，0.02mmol）溶解于 1mL NaOH（1mol·L^{-1}）溶液中，加入 5mL H$_2$O 与 5mL EtOH，用 1mol·L^{-1}HCl 调节 pH=6，将 Cd(OAc)·2H$_2$O（13.0mg，0.05mmol）溶解于 5mL 蒸馏水中，二者混合后置于室温下搅拌 30min，充分反应后过滤、静置，三周后得到无色块状晶体。产率：57%（基于 H$_2$atzc）。IR（cm^{-1}，KBr）：3354s，3142s，2360w，1668s，1620w，1531s，1506m，1479m，1429w，1294s，1134s，812w，756m，713w，678s。

（7）配合物 ZnCl(atrz) (**10**) 的制备

将 H$_2$atzc（38.4mg，0.30mmol）、Zn(NO$_3$)$_2$·6H$_2$O（59.6mg，0.2mmol）、HoCl$_3$（162.9mg，0.6mmol）溶于 5mL 蒸馏水中，用 1mol·L^{-1} 盐酸调节 pH=6，然后装入 15mL 反应釜中，在 150℃下反应 48h，然后以 5℃·h^{-1} 的速率降至室温。用蒸馏水洗涤产物，干燥后获得黄色晶体。产率：51.5%（基于 H$_2$atzc）。IR（cm^{-1}，KBr）：3475m，3385m，2362w，1624s，1560s，1521s，1419m，1307m，1228w，1068m，879w，742m，642m。

对于配合物 **10**，配体 H$_2$atzc 在 150℃条件下脱羧形成 3- 氨基 -1,2,4- 三唑（Hatrz）。

3.2.2.2　三唑类配合物的晶体结构测定与分析

晶体结构测定方法同 3.2.1.2。

三唑类配合物的晶体学数据、键长和键角等相关参数列于表 3-8 ～表 3-11。

表3-8　配合物 4 ～ 7 晶体学数据表

项目	配合物 4	配合物 5	配合物 6	配合物 7
分子式	MnC$_6$H$_{10}$N$_8$O$_6$	FeC$_6$H$_{13}$N$_8$O$_8$	CoC$_6$H$_{14}$N$_8$O$_8$	CuC$_3$H$_6$N$_4$O$_4$
分子量	345.16	381.10	385.18	225.66
晶系	单斜晶系	斜方晶系	单斜晶系	六方晶系
空间群	$P2_1/c$	$Pnna$	$P2_1/c$	R-3
a/Å	9.446(2)	27.0992(2)	7.6727(7)	21.5762(4)
b/Å	9.3090(19)	12.6765(8)	12.7260(1)	21.5762(4)
c/Å	6.7587(14)	7.7279(5)	7.0205(6)	8.9041(4)
α/(°)	90	90	90	90

续表

项目	配合物 4	配合物 5	配合物 6	配合物 7
$\beta/(°)$	97.734(4)	90	90.673(3)	90
$\gamma/(°)$	90	90	90	120
$V/\text{Å}^3$	588.9(2)	2654.7(3)	685.45(10)	3589.81(19)
Z	2	4	2	18
$D_c/\text{g·cm}^{-3}$	1.947	1.907	1.866	1.833
μ/mm^{-1}	1.171	1.201	1.314	2.720
$F(000)$	350	1560.0	394.0	1963
F^2 的拟合优度	1.056	1.044	1.058	1.068
$R_1/wR_2\ [I > 2\sigma(I)]$	0.0708 / 0.2008	0.0975/0.2921	0.0367/0.0895	0.0357/0.1045
R_1/wR_2（所有数据）	0.0752 / 0.2057	0.1279/0.3317	0.0543/0.0963	0.0471/0.1118

表3-9　配合物8 ~ 10晶体学数据表

项目	配合物 8	配合物 9	配合物 10
分子式	$ZnC_6H_8N_8O_5$	$CdC_6H_8N_8O_5$	$ZnC_2H_3N_4Cl$
分子量	337.59	384.60	183.90
晶系	单斜晶系	单斜晶系	正交晶系
空间群	$P2_1/c$	$P2_1/c$	$Pbca$
$a/\text{Å}$	17.094(4)	9.0420(7)	9.4247(6)
$b/\text{Å}$	9.507(2) A	9.0199(6)	10.0929(7)
$c/\text{Å}$	6.7792(1) A	13.9454(11)	11.6496(8)
$\alpha/(°)$	90	90	90
$\beta/(°)$	90	108.083(3)	90
$\gamma/(°)$	90	90	90
$V/\text{Å}^3$	1101.7(4)	1081.18(14)	1108.14(13)
Z	4	4	8
$D_c/\text{g·cm}^{-3}$	1.993	2.363	2.205
μ/mm^{-1}	2.269	2.062	4.795
$F(000)$	652	752	720
F^2 的拟合优度	0.986	1.067	1.162
$R_1/wR_2\ [I > 2\sigma(I)]$	0.0548/ 0.1436	0.0185/0.0462	0.0426/0.0961
R_1/wR_2（所有数据）	0.0993 / 0.1707	0.0216/0.0478	0.0509/0.0996

表3-10　配合物4 ~ 10的主要键长数据

键	键长 /Å	键	键长 /Å
配合物 4			
Mn(1)-N(4)[I]	2.208(4)	Mn(1)-O(3)[I]	2.209(3)
Mn(1)-N(4)	2.208(4)	Mn(1)-O(1)[I]	2.246(3)
Mn(1)-O(3)	2.209(3)	Mn(1)-O(1)	2.246(3)

续表

键	键长 /Å	键	键长 /Å
配合物 **5**			
Fe(1)-O(5)	1.941(7)	Fe(1)-O(5)^Ⅰ	1.981(8)
Fe(1)-O(3)	2.035(7)	Fe(1)-O(2)	2.050(8)
Fe(1)-N(1)	2.097(9)	Fe(1)-N(5)	2.115(9)
O(5)-Fe(1)^Ⅰ	1.981(8)		
配合物 **6**			
Co(2)-O(2)	2.1196(17)	Co(2)-O(2)^Ⅰ	2.1196(17)
Co(2)-O(3B)	2.092(15)	Co(2)-O(3B)^Ⅰ	2.092(15)
Co(2)-N(4)^Ⅰ	2.1414(19)	Co(2)-N(4)	2.1415(19)
Co(2)-O(3A)	2.047(19)	Co(2)-O(3A)^Ⅰ	2.047(19)
配合物 **7**			
Cu(1)-N(2)^Ⅰ	1.978(3)	Cu(1)-N(3)^Ⅱ	1.997(3)
Cu(1)-O(1)^Ⅱ	1.997(3)	Cu(1)-N(1)	2.018(3)
Cu(1)-O(3)	2.315(3)		
配合物 **8**			
Zn(1)-N(5)	1.961(8)	Zn(1)-O(5)	1.971(5)
Zn(1)-N(1)	1.986(7)	Zn(1)-O(4)	2.147(5)
Zn(1)-O(1)	2.167(5)		
配合物 **9**			
Cd(1)-N(5)	2.246(2)	Cd(1)-N(8)	2.297(2)
Cd(1)-O(6)	2.374(2)	Cd(1)-O(1)	2.3812(17)
Cd(1)-O(2)^Ⅰ	2.3984(18)	Cd(1)-O(4)	2.4463(18)
Cd(1)-O(1)^Ⅰ	2.5662(18)	O(1)-Cd(1)^Ⅱ	2.5662(18)
配合物 **10**			
Zn(1)-N(2)^Ⅰ	1.993(5)	Zn(1)-N(3)^Ⅱ	1.996(5)
Zn(1)-N(1)	2.006(5)	Zn(1)-Cl(1)	2.2118(19)

注：1. 配合物 **4** 对称代码：^{Ⅰ} −x+1，−y+1，−z+1。

2. 配合物 **5** 对称代码：^{Ⅰ} x，−y+1/2，−z+1/2。

3. 配合物 **6** 对称代码：^{Ⅰ} −x，−y+1，−z。

4. 配合物 **7** 对称代码：^{Ⅰ} −y+1/3，x−y+2/3，z−1/3；^{Ⅱ} y，−x+y，−z。

5. 配合物 **9** 对称代码：^{Ⅰ} −x+3/2，y+1/2，−z+1/2；^{Ⅱ} −x+3/2，y−1/2，−z+1/2。

6. 配合物 **10** 对称代码：^{Ⅰ} x−1/2，−y+1/2，−z；^{Ⅱ} −x+1/2，y−1/2，z。

表3-11　配合物 **4** ~ **10**的键角数据

键	键角 /(°)	键	键角 /(°)
配合物 **4**			
N(4)^Ⅰ-Mn(1)-N(4)	180.0(2)	N(4)-Mn(1)-O(3)	90.69(13)
N(4)^Ⅰ-Mn(1)-O(3)	89.31(12)	N(4)^Ⅰ-Mn(1)-O(3)^Ⅰ	90.69(12)

键	键角 /(°)	键	键角 /(°)
N(4)-Mn(1)-O(3)^{I}	89.31(13)	O(3)-Mn(1)-O(1)^{I}	86.58(11)
O(3)-Mn(1)-O(3)^{I}	179.999(1)	O(3)^{I}-Mn(1)-O(1)^{I}	93.42(11)
O(3)-Mn(1)-O(1)	93.42(11)	N(4)^{I}-Mn(1)-O(1)	104.67(11)
O(1)^{I}-Mn(1)-O(1)	180.0	N(4)-Mn(1)-O(1)	75.33(11)
N(4)^{I}-Mn(1)-O(1)^{I}	75.33(11)	O(3)^{I}-Mn(1)-O(1)	86.58(11)
N(4)-Mn(1)-O(1)^{I}	104.67(11)		
配合物 5			
O(5)-Fe(1)-O(5)^{I}	76.2(3)	O(5)-Fe(1)-O(3)	165.3(3)
O(5)^{I}-Fe(1)-O(3)	90.5(3)	O(5)-Fe(1)-O(2)	92.7(3)
O(5)^{I}-Fe(1)-O(2)	164.7(3)	O(3)-Fe(1)-O(2)	101.5(3)
O(5)-Fe(1)-N(1)	98.3(3)	O(5)^{I}-Fe(1)-N(1)	92.6(3)
O(3)-Fe(1)-N(1)	88.3(3)	O(2)-Fe(1)-N(1)	78.4(3)
O(5)-Fe(1)-N(5)	97.5(3)	O(5)^{I}-Fe(1)-N(5)	95.6(3)
O(3)-Fe(1)-N(5)	77.4(3)	O(2)-Fe(1)-N(5)	96.3(3)
N(1)-Fe(1)-N(5)	163.6(4)		
配合物 6			
O(2)^{I}-Co(1)-O(2)	180.0	O(2)-Co(1)-N(4)^{I}	102.26(7)
O(2)^{I}-Co(1)-N(4)	102.26(7)	O(2)-Co(1)-N(4)	77.74(7)
O(2)^{I}-Co(1)-N(4)^{I}	77.74(7)	O(3B)-Co(1)-O(2)	88.5(5)
O(3B)^{I}-Co(1)-O(2)	91.5(5)	O(3B)-Co(1)-N(4)	94.8(4)
O(3B)^{I}-Co(1)-N(4)	85.2(4)	N(4)^{I}-Co(1)-N(4)	180.0
O(3A)-Co(1)-O(2)	93.1(6)	O(3A)^{I}-Co(1)-O(2)^{I}	93.1(6)
O(3A)-Co(1)-O(2)^{I}	86.9(6)	O(3A)^{I}-Co(1)-O(2)	86.9(6)
O(3A)^{I}-Co(1)-O(3B)^{I}	10.9(5)	O(3A)-Co(1)-O(3B)^{I}	169.1(5)
O(3A)^{I}-Co(1)-N(4)	93.8(4)	O(3A)^{I}-Co(1)-N(4)^{I}	86.2(4)
O(3A)-Co(1)-N(4)	86.2(4)	O(3A)-Co(1)-N(4)^{I}	93.8(4)
O(3A)^{I}-Co(1)-O(3A)	180.0(4)		
配合物 7			
N(2)^{I}-Cu(1)-N(3)^{II}	95.74(14)	N(2)^{I}-Cu(1)-O(1)^{II}	173.62(14)
N(3)^{II}-Cu(1)-O(1)^{II}	81.49(13)	N(2)^{I}-Cu(1)-N(1)	94.98(14)
N(3)^{II}-Cu(1)-N(1)	151.02(14)	O(1)^{II}-Cu(1)-N(1)	90.15(13)
N(2)^{I}-Cu(1)-O(3)	86.01(14)	N(3)^{II}-Cu(1)-O(3)	109.27(14)
O(1)^{II}-Cu(1)-O(3)	89.47(13)	N(1)-Cu(1)-O(3)	98.27(14)
配合物 8			
N(5)-Zn(1)-O(5)	114.1(4)	N(5)-Zn(1)-N(1)	131.8(2)
O(5)-Zn(1)-N(1)	114.0(4)	N(5)-Zn(1)-O(4)	79.1(2)
O(5)-Zn(1)-O(4)	96.9(2)	N(1)-Zn(1)-O(4)	97.4(2)
N(5)-Zn(1)-O(1)	95.2(2)	O(5)-Zn(1)-O(1)	93.5(2)
N(1)-Zn(1)-O(1)	79.7(2)	O(4)-Zn(1)-O(1)	169.5(2)

续表

键	键角 /(°)	键	键角 /(°)
配合物 9			
N(5)-Cd(1)-N(8)	125.21(8)	N(5)-Cd(1)-O(6)	88.70(8)
N(8)-Cd(1)-O(6)	136.88(8)	N(5)-Cd(1)-O(1)	72.56(7)
N(8)-Cd(1)-O(1)	88.99(7)	O(6)-Cd(1)-O(1)	75.77(7)
N(5)-Cd(1)-O(2)[I]	142.46(7)	N(8)-Cd(1)-O(2)[I]	83.83(7)
O(6)-Cd(1)-O(2)[I]	81.40(7)	O(1)-Cd(1)-O(2)[I]	137.62(6)
N(5)-Cd(1)-O(4)	89.07(7)	N(8)-Cd(1)-O(4)	70.56(7)
O(6)-Cd(1)-O(4)	143.35(7)	O(1)-Cd(1)-O(4)	137.52(6)
O(2)[I]-Cd(1)-O(4)	78.36(6)	N(5)-Cd(1)-O(1)[I]	89.54(7)
N(8)-Cd(1)-O(1)[I]	126.44(7)	O(6)-Cd(1)-O(1)[I]	72.47(7)
O(1)-Cd(1)-O(1)[I]	143.739(12)	O(2)[I]-Cd(1)-O(1)[I]	52.93(6)
O(4)-Cd(1)-O(1)[I]	70.93(6)		
配合物 10			
N(2)[I]-Zn(1)-N(3)[II]	107.92(19)	N(2)[I]-Zn(1)-N(1)	108.27(19)
N(3)[II]-Zn(1)-N(1)	108.3(2)	N(2)[I]-Zn(1)-Cl(1)	111.28(15)
N(3)[II]-Zn(1)-Cl(1)	113.98(18)	N(1)-Zn(1)-Cl(1)	106.88(16)

注: 1. 配合物 **4** 对称代码: [I] $-x+1$, $-y+1$, $-z+1$。

2. 配合物 **5** 对称代码: [I] x, $-y+1/2$, $-z+1/2$。

3. 配合物 **6** 对称代码: [I] $-x$, $-y+1$, $-z$。

4. 配合物 **7** 对称代码: [I] $-y+1/3$, $x-y+2/3$, $z-1/3$; [II] y, $-x+y$, $-z$。

5. 配合物 **9** 对称代码: [I] $-x+3/2$, $y+1/2$, $-z+1/2$。

6. 配合物 **10** 对称代码: [I] $x-1/2$, $-y+1/2$, $-z$; [II] $-x+1/2$, $y-1/2$, z。

（1）配合物 $Mn(Hatzc)_2(H_2O)_2$（**4**）的单晶结构

X 射线单晶衍射表明: 配合物 **4** 属于单斜晶系, $P2_1/c$ 空间群。每一个独立的晶格单元包括一个 Mn(Ⅱ) 离子、两个 Hatzc⁻ 离子和两个配位水分子。配位环境图如图 3-17 所示, Mn(Ⅱ) 离子是六配位, 来自两个配体的两个 N 原子与两个 O 原子处在赤道平面上, 来自两个水分子的两个 O 原子处在轴向上, 呈现出扭曲的八面体构型。羧基上的 O1 原子与三唑上的 N4 原子通过螯合作用连接金属离子形成零维结构。其中 Mn—N 键长是 2.208(4)Å, Mn—O 键长范围在 2.209(3) ～ 2.246(3)Å。在氢键 N(1)—H(1B)⋯N(3) 与 N(2)—H(2)⋯O(2) 的作用下, 形成二维平面结构, 二维结构进一步由氢键 O(3)—H(3A)⋯O(1)、O(3)—H(3B)⋯O(2) 与 N(1)—H(1A)⋯O(3) 构成三维超分子结构（图 3-18、表 3-12）。

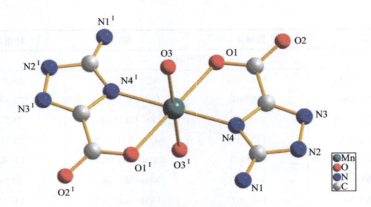

图3-17 配合物4的配位环境图

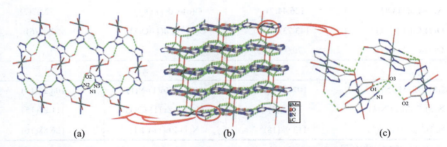

图3-18 （a）、（c）分子间氢键作用（虚线表示），（b）配合物4在氢键作用下的三维结构图

表3-12 配合物4的氢键表

D—H⋯A	d(D-H)/Å	d(H⋯A)/Å	d(D⋯A)/Å	∠ (DHA)/(°)
N(1)—H(1A)⋯O(3)	0.86	2.14	2.9240	152
N(1)—H(1B)⋯N(3)	0.86	2.17	2.9074	143
N(2)—H(2)⋯O(2)	0.86	2.03	2.8869	172
O(3)—H(3A)⋯O(1)	0.87	2.11	2.7388	129
O(3)—H(3B)⋯O(2)	0.87	1.89	2.7536	171

（2）配合物 [Fe(Hatzc)(atzc)H$_2$O]·(H$_2$O)$_3$（**5**）的单晶结构

X 射线单晶衍射分析表明配合物 **5** 属于斜方晶系，*Pnna* 空间群，包含一个 Fe(Ⅲ) 离子，一个 Hatzc⁻ 离子，一个 atzc²⁻ 离子，一个配位水分子与三个游离的客体水分子。Fe(Ⅲ) 离子为五配位，来自配体的两个 N 原子与两个 O 原子处于赤道面上，另外，配体水分子中的一个 O 原子，作为顶点，呈现出扭曲的四方锥构型（图 3-19）。配体中羧基上的 O1 原子与三唑上的 N4 原子通过螯合作用与金属离子形成零维结构。其中 Fe(1)—N(1) 键长是 2.097(9)Å，Fe(1)—

N(5) 键长是 2.115(9)Å。Fe—O 键长范围在 1.941(7) ～ 2.050(8)Å。由于配合物中配位水分子与游离水分子的存在，配合物中存在大量的氢键，在氢键作用下最终形成三维超分子结构（图 3-20、表 3-13）。

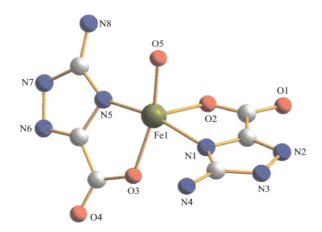

图 3-19　配合物 **5** 的配位环境图

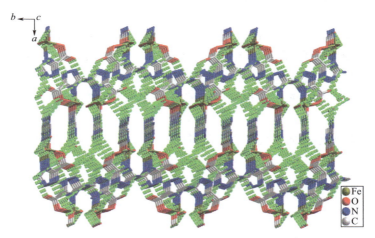

图 3-20　氢键作用下的三维结构图（配合物 **5**）

表 3-13　配合物 **5** 的氢键表

D—H⋯A	d(D-H)/Å	d(H⋯A)/Å	d(D⋯A)/Å	∠ (DHA)/(°)
N(3)—H(3)⋯O(7)	0.88	1.85	2.7197	168
N(4)—H(4A)⋯O(8)	0.88	2.13	2.8989	145
N(4)—H(4B)⋯O(1)	0.88	2.19	3.0448	165

续表

D—H···A	d(D-H)/Å	d(H···A)/Å	d(D···A)/Å	∠ (DHA)/(°)
O(5)—H(5)···O(4)	0.82	2.17	2.8067	134
O(5)—H(5)···O(8)	0.82	2.55	3.1462	131
O(6)—H(6A)···O(8)	0.87	2.00	2.8256	159
O(6)—H(6B)···N(6)	0.87	2.06	2.9024	163
N(7)—H(7)···O(2)	0.88	2.20	2.8388	129
N(7)—H(7)···O(7)	0.88	2.21	2.8898	133
O(7)—H(7A)···O(1)	0.87	2.54	2.9420	109
O(7)—H(7A)···O(1)	0.87	2.11	2.8440	142
O(7)—H(7B)···O(6)	0.87	1.88	2.6763	151
N(8)—H(8A)···O(4)	0.88	2.05	2.9027	164
N(8)—H(8B)···O(6)	0.88	2.07	2.8643	149
O(8)—H(8C)···N(2)	0.87	1.96	2.8267	172
O(8)—H(8D)···O(3)	0.87	1.87	2.7141	163

（3）配合物 [Co(Hatzc)$_2$(H$_2$O)$_2$]·2H$_2$O (6) 的单晶结构

X 射线单晶衍射分析表明配合物 **6** 属于单斜晶系，$P2_1/c$ 空间群，是零维结构。不对称单元包括一个 Co(Ⅱ) 离子，两个 Hatzc$^-$ 离子和两个配位水分子。配位环境图如图 3-21 所示，Co(Ⅱ) 离子是六配位，来自 H$_2$atzc 配体的两个 N 原子和两个 O 原子以螯合模式配位并处于赤道位置，另外来自水的两个 O 原子占据轴向位置，呈现扭曲的八面体构型。Co—O 键长范围在 2.047(2) ～ 2.120(2)Å，Co—N 键长是 2.141(2)Å。其中 N1，N2，O3 和 O4 原子作为氢键给体，O1，O2，O4 和 N2 原子作为氢键受体，在氢键作用下形成三维超分子结构（图 3-22、表 3-14）。

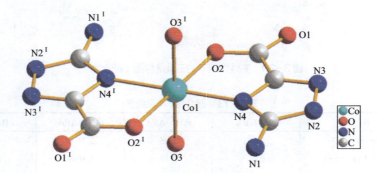

图 3-21 配合物 **6** 的配位环境图

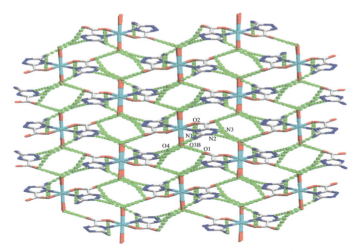

图3-22　氢键作用下的三维结构图（配合物 **6**）

表3-14　配合物 **6** 的氢键表

D—H⋯A	d(D-H)/Å	d(H⋯A)/Å	d(D⋯A)/Å	∠(DHA)/(°)
O(3B)—H(3Ba)⋯N(3)	0.877	2.015	2.863	162.46
O(3B)—H(3Bb)⋯O(1)	0.877	1.982	2.762	147.52
O(4)—H(4A)⋯O(1)	0.850	2.234	2.889	133.95
O(4)—H(4B)⋯N(2)	0.850	2.232	2.702	114.91
N(2)—H(2)⋯O(4)	0.860	1.849	2.702	170.79
N(1)—H(1A)⋯O(2b)	0.863	2.493	3.300	156.20
N(1)—H(1B)⋯O(4)	0.863	2.144	2.953	155.97
O(3A)—H(3Ac)⋯O(1)	0.884	2.024	2.771	141.45

（4）配合物 [Cu(atzc)(H$_2$O)]·H$_2$O (**7**) 的单晶结构

X 射线单晶衍射分析表明：配合物 **7** 的每一个独立的晶格单元包括一个 Cu(Ⅱ) 离子、一个 atzc^{2-} 离子、一个配位水分子与一个游离的客体水分子。配位环境图如图 3-23 所示，Cu(Ⅱ) 离子是六配位，三个 N 原子分别来自三个 H$_2$atzc 配体，两个 O 原子分别来自两个 H$_2$atzc 配体，另一个 O 原子来自于水，呈现扭曲的八面体构型。Cu—N 键长范围在 1.977(3) ～ 2.017(3)Å，Cu(1)—O(1) 键长是 1.998(3)Å，Cu(1)—O(3) 键长是 2.313(3)Å。如图 3-24 所示，atzc^{2-} 中的三个氮原子采用桥联 - 螯合作用进行配位，羧基上的两个氧原子采用双齿桥联作用进行配位，在 O3—H3B⋯O4，O4—H42⋯O4 和 O4—H41⋯O2 的氢键作用下，形成三维超分子结构（表 3-15）。

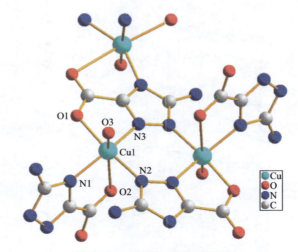

图3-23 配合物7的配位环境图

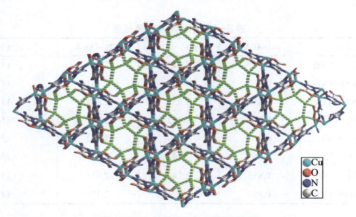

图3-24 配合物7的三维结构图

表3-15 配合物7的氢键表

D—H···A	d(H···A)/Å	d(D···A)/Å	∠(DHA)/(°)
O3—H3B···O4	1.95	2.768(8)	163
O4—H42···O4	2.13	2.900(6)	153
O4—H41···O2	2.14	2.800(7)	135

（5）配合物 $Zn(Hatzc)_2(H_2O)$ **(8)** 的单晶结构

X 射线单晶衍射分析表明配合物 **8** 属于单斜晶系，$P2_1/c$ 空间群。它包含一个 Zn(Ⅱ) 离子，两个 Hatzc$^-$ 离子，一个配位水分子。Zn(Ⅱ) 离子为五配位，来自两个 atzc^{2-} 配体离子的两个 N 原子和两个 O 原子处于赤道位置，另外一个来自水分子的 O 原子来自水占据轴向位置，呈现出扭曲的四方锥构型（图 3-25）。Zn—O 键长范围在 1.971(5) ～ 2.167(5)Å，Zn—N 键长范围在 1.961(8) ～ 1.986(7) Å。然而，在分子内氢键 N(8)—H(8B)···O(1)、N(4)—H(4B)···O(4) 以及分子间氢键 N(8)—H(8A)···N(7)[I]、N(7)—H(7)···N(8)[II]、N(4)—H(4A)···N(3)[IV] 与 N(3)—H(3)···N(4)[V] 作用下形成二维结构，最终在氢键 N(4)—H(4B)···O(5)[III]、O(5)—H(5B)···O(2)[VI]、O(5)—H(5A)···O(3)[VII] 与 O(5)—H(5A)···O(4)[VII] 作用下形成三维超分子结构（图 3-26、表 3-16）。

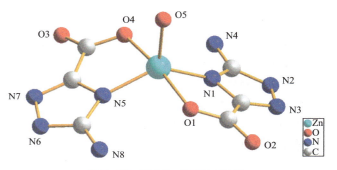

图 3-25　配合物 **8** 的配位环境图

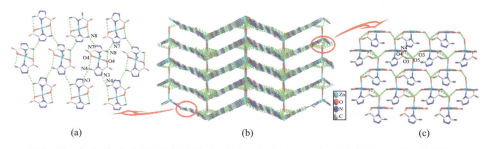

图 3-26　（a）、（c）分子间氢键作用（虚线表示），（b）配合物 **8** 在氢键作用下的三维结构图

表 3-16　配合物 **8** 的氢键表

D—H···A	d(D-H)/Å	d(H···A)/Å	d(D···A)/Å	∠(DHA)/(°)
N(8)—H(8A)···N(7)[I]	0.86	2.12	2.946(10)	159.7
N(8)—H(8B)···O(1)	0.86	2.40	3.130(9)	143.7
N(7)—H(7)···N(8)[II]	0.86	2.12	2.946(10)	161.6
N(4)—H(4B)···O(5)[III]	0.86	2.57	3.271(11)	139.2
N(4)—H(4B)···O(4)	0.86	2.63	3.204(9)	125.3
N(4)—H(4A)···N(3)[IV]	0.86	2.24	3.034(10)	153.5

D—H···A	d(D-H)/Å	d(H···A)/Å	d(D···A)/Å	∠(DHA)/(°)
N(3)—H(3)···N(4) V	0.86	2.20	3.034(10)	163.0
O(5)—H(5B)···O(2) VI	0.89	2.03	2.797(10)	143.4
O(5)—H(5A)···O(4) VII	0.89	2.17	3.042(7)	168.0
O(5)—H(5A)···O(3) VII	0.89	2.09	2.732(10)	128.3

注：对称代码 I $-x,y-1/2,-z+1/2$；II $-x$, $y+1/2$, $-z+1/2$；III x, $-y+1/2$, $z-1/2$；IV $-x+1$, $y+1/2$, $-z+1/2$；V $-x+1$, $y-1/2$, $-z+1/2$；VI x, $-y-1/2$, $z+1/2$；VII x, $-y+1/2$, $z+1/2$。

（6）配合物 $Cd(Hatzc)_2H_2O$ **(9)** 的单晶结构

X射线单晶衍射分析表明配合物 **9** 中每一个独立的晶格单元包括一个 Cd(II) 离子，两个 Hatzc⁻ 配体和一个配位水分子。Cd(II) 离子为七配位，两个 N 原子和四个 O 原子分别来自 H_2atzc 配体，另外一个 O 原子来自水（图 3-27），其中 O2 原子作为三棱柱的顶点，呈现出扭曲的单帽三棱柱构型（图 3-28）。Cd—O 键长范围在 2.374(2) ～ 2.5662(18)Å，Cd(1)—N(5) 键长是 2.246(2) Å，Cd(1)—N(8) 键长是 2.297(2)Å。H_2atzc 配体分别采用两种配位方式，分别为 H_2atzc 中羧基上的 O1 原子与三唑上的 N3 原子采用螯合模式进行配位；H_2atzc 中羧基上的 O1、O2 原子与三唑上的 N3 原子采用桥联 - 螯合模式进行配位，形成一维链状结构（图 3-29）。由于配合物中配位水分子以及 Hatzc⁻ 中氨基基团与羧基基团的存在，存在丰富的氢键，最终在氢键作用下形成三维超分子结构（图 3-30、表 3-17）。

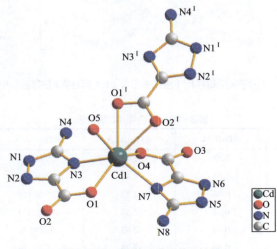

图 3-27 配合物**9**的配位环境图

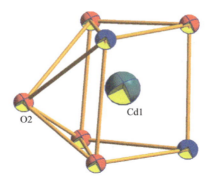

图3-28　配合物**9**中的CdN$_2$O$_5$呈扭曲的单帽三棱柱

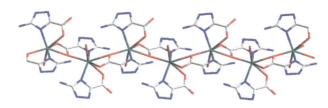

图3-29　配合物**9**的一维结构图

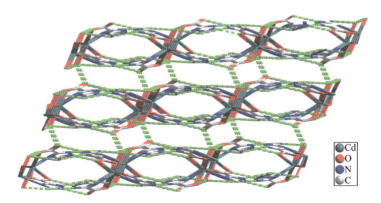

图3-30　氢键作用下的三维结构图（配合物**9**）

表3-17　配合物**9**的氢键表

D—H···A	d(D-H)/Å	d(H···A)/Å	d(D···A)/Å	∠(DHA)/(°)
O(6)—H(6A)···O(3)	0.76	1.98	2.7424	175
O(6)—H(6B)···O(4)	0.82	1.89	2.6918	168
N(7)—H(7)···O(2)	0.88	1.99	2.7812	150
N(9)—H(9A)···O(6)	0.89	2.47	3.2566	149
N(9)—H(9B)···N(14)	0.89	2.38	3.2146	157

D—H…A	d(D-H)/Å	d(H…A)/Å	d(D…A)/Å	∠(DHA)/(°)
N(10)—H(10)…O(3)	0.88	1.85	2.6934	160
N(11)—H(11A)…O(6)	0.88	2.26	3.1056	161
N(11)—H(11B)…N(13)	0.88	2.24	3.0396	151

（7）配合物 Zn(atrz)Cl (**10**) 的单晶结构

X 射线单晶衍射分析表明配合物 **10** 中每一个独立的晶格单元包括一个 Zn(Ⅱ) 离子，一个 Hatrz⁻ 配体，一个 Cl⁻ 离子。由于配合物的反应温度较高，配体 H_2atzc 在 150℃条件下脱羧形成 3- 氨基 -1,2,4- 三唑（Hatrz）。Zn(Ⅱ) 离子为四配位，与一个 Cl⁻ 离子和 Hatrz⁻ 三个 N 原子形成四面体构型（图 3-31）。Zn—N 键长范围在 1.993(5) ～ 2.006(5)Å，Cd—Cl 的键长是 2.2118(19)Å。值得注意的是，Hatrz⁻ 配体中三唑上的三个氮原子采用三齿桥联模式进行配位，形成二维网状结构（图 3-32）。然后通过氢键 N4—H4a…N3、N4′—H4′b…Cl1、N4′—H4′c…Cl1 连接形成三维结构（图 3-33、表 3-18）。

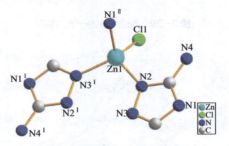

图3-31 配合物**10**的配位环境图

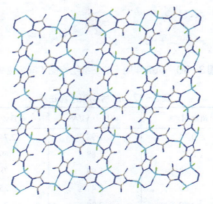

图3-32 配合物**10**的二维网状结构图

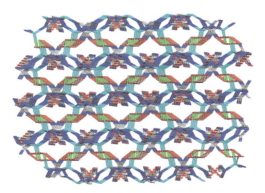

图 3-33　氢键作用下的三维结构图（配合物 **10**）

表 3-18　配合物 **10** 的氢键表

D—H···A	d(D-H)/Å	d(H···A)/Å	d(D···A)/Å	∠(DHA)/(°)
N4—H4a···N3	0.890	2.506	3.347	157.82
N4′—H4′b···Cl1	0.890	2.263	3.143	169.77
N4′—H4′c···Cl1	0.890	2.264	3.106	157.74

3.2.2.3　三唑类配合物的红外表征与分析

利用 EQINOX-55 型傅里叶红外光谱仪对 H_2atzc 配体和配合物 **4** ～ **10** 进行红外光谱表征，观察它们在 4000 ～ 400cm⁻¹ 区间的相关数据。所得配体和配合物的红外光谱图如图 3-34 ～图 3-41 所示。

配合物 **4** ～ **10** 均在 3450cm⁻¹ 附近有一个中等强度的宽吸收峰，归属于配合物中水分子的—OH 的伸缩振动。配合物 **4** ～ **10** 在 1550cm⁻¹ 与 3300cm⁻¹ 附近出现中等吸收带对应于氨基基团的 δ(N—H) 和 ν(N—H)。1300cm⁻¹ 附近出

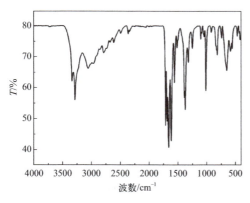

图 3-34　H_2atzc 配体的红外吸收光谱

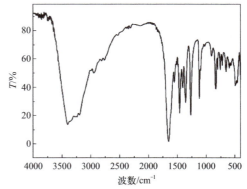

图 3-35　配合物 **4** 的红外吸收光谱

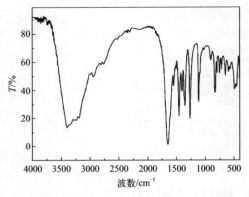

图3-36 配合物5的红外吸收光谱

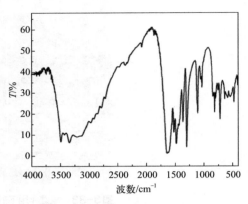

图3-37 配合物6的红外吸收光谱

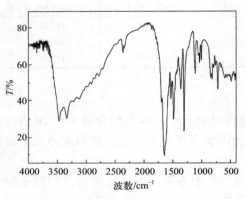

图3-38 配合物7的红外吸收光谱

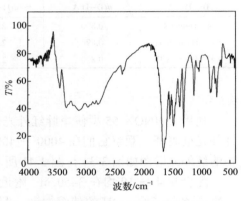

图3-39 配合物8的红外吸收光谱

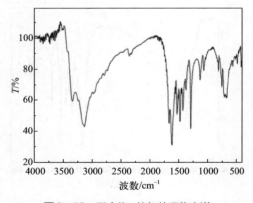

图3-40 配合物9的红外吸收光谱

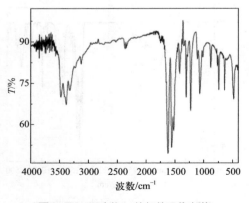

图3-41 配合物10的红外吸收光谱

现强吸收带属于 C—N 的伸缩振动峰。1460cm^{-1} 与 1650cm^{-1} 附近分别有羧基的对称振动吸收 v_s(COO$^-$) 峰和反对称振动吸收 v_{as}(COO$^-$) 峰，表明羧基中的氧原子与过渡金属离子发生了配位[5]。720 ~ 840cm^{-1} 出现的吸收峰归属于 M—O 与 M—N 的伸缩振动[6]。

3.2.2.4　三唑类配合物的热稳定性表征与分析

为了研究配合物 **4** ~ **10** 的热分解行为，利用 Al$_2$O$_3$ 坩埚盛放约 5mg 样品，在空气组分的作用下，以 10℃·min^{-1} 的升温速率在 30 ~ 800℃ 温度区间内测试配合物的热稳定性。

（1）配合物 **4** 的热稳定性分析

配合物 **4** 的热分解过程如图 3-42 所示。该配合物主要经过了两个失重过程，从 80℃ 开始失重，首先失去了两个配位水分子，之后是配合物主体框架的分解。在 480℃ 之后，几乎不再有失重行为，残余率为 24.1%，推测最终产物为 MnO$_2$，与理论残余率 25.2% 基本一致。

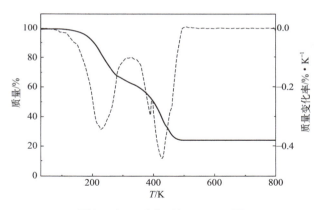

图3-42　配合物4的TG-DTG图

（2）配合物 **5** 的热稳定性分析

如图 3-43 所示，配合物 **5** 第一次失重在 90 ~ 190℃，失去一个配位水与三个游离的水分子，失重率为 18.2%，与理论值 18.9% 基本吻合。在 190 ~ 500℃ 范围内，经历两个失重过程，这主要是配合物主体框架的分解。在 520℃ 之后，几乎不再有失重行为，残余率为 20.8%，推测最终产物为 Fe$_3$O$_4$，与理论残余率 20.3% 基本一致。

（3）配合物 **6** 的热稳定性分析

如图 3-44 所示，配合物 **6** 第一次失重在 112 ~ 205℃，失去配位水与游离的水分子，失重率为 19.7%，与理论值 19.5% 基本吻合。在 205 ~ 282℃ 之间，

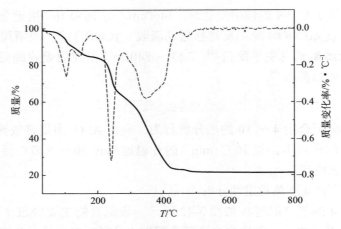

图3-43 配合物**5**的TG-DTG图

配合物几乎没有失重行为，表明配合物在282℃之前的主体框架是稳定的，说明配合物有一定的稳定性。在282～520℃范围内，有一个快速的失重过程，这主要是配合物主体框架的分解。在520℃之后，几乎不再有失重行为，残余率为19.8%，推测最终产物为CoO，与理论残余率19.5%基本一致。

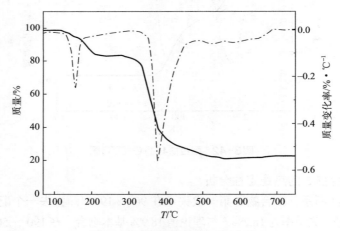

图3-44 配合物**6**的TG-DTG图

（4）配合物**7**的热稳定性分析

如图3-45所示，为配合物**7**的热分解过程。配合物**7**第一次失重在90～220℃，失去一个游离的水分子，失重率为8.2%，与理论值8.0%基本吻合。在220～500℃范围内，经历两个失重过程，这主要是失去一个配位水与配合物主体框架的分解。在 490℃之后，几乎不再有失重行为，残余率为 27.6%，推测最终产物为 Cu，与理论残余率 28.4% 接近。

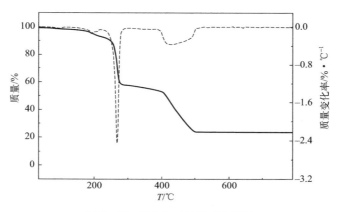

图3-45　配合物7的TG-DTG图

（5）配合物 **8** 的热稳定性分析

如图 3-46 所示，配合物 **8** 主要经过了两个失重过程，第一次失重在 140 ～ 400℃，失去了一个配位水分子，并且配合物主体框架分解生成稳定的中间产物。第二次失重在 480 ～ 630℃，中间产物分解，残余率为 23.5%，推测最终产物为 ZnO，与理论残余率 24.1% 基本一致。

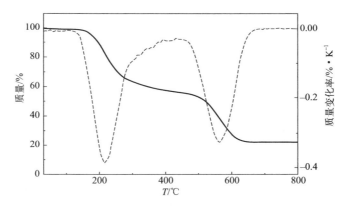

图3-46　配合物8的TG-DTG图

（6）配合物 **9** 的热稳定性分析

如图 3-47 所示，配合物 **9** 第一次失重在 140 ～ 180℃，失去一个游离的水分子，失重率为 4.8%，与理论值 4.7% 基本吻合。在 180 ～ 720℃范围内，大致经历两个失重过程，这主要是配合物主体框架的分解。在 720℃ 之后，几乎不再有失重行为，残余率为 32.7%，推测最终产物为 CdO，与理论残余率 33.3% 基本一致。

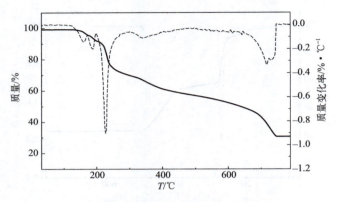

图3-47 配合物**9**的TG-DTG图

（7）配合物 **10** 的热稳定性分析

配合物 **10** 的热分解过程如图 3-48 所示，在 450℃ 之前，配合物 **10** 几乎没有失重行为，表明配合物 **10** 在 450℃ 之前的主体框架是稳定的，说明配合物有一定的稳定性。在 450℃ 之后，有两个失重过程，这主要是配合物主体框架的分解。

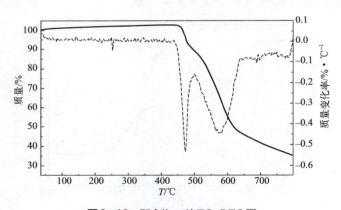

图3-48 配合物**10**的TG-DTG图

3.2.2.5　三唑类配合物的元素分析表征

利用 Vario EL cube 型元素分析仪对配合物 **4 ～ 10** 中的 C、H、N 三种元素的含量进行实际测定，并与理论值进行了比较。由表 3-19 可知，配合物 **4 ～ 10**

的元素含量理论值与实际值十分接近，说明制备的配合物纯度很高，与单晶衍射结果吻合。

表3-19 配合物 4 ~ 10 的元素分析

配合物	实测值（理论值）/%		
	C	N	H
4	21.05 (20.88)	33.19 (32.47)	2.83 (2.92)
5	19.12 (18.91)	29.05 (29.41)	3.01 (3.44)
6	17.93 (18.71)	30.85 (29.10)	3.05 (3.66)
7	20.75 (19.86)	29.30 (30.89)	2.31 (2.20)
8	16.20 (15.97)	22.95 (24.83)	2.96 (2.68)
9	21.45 (21.35)	33.89 (33.20)	2.58 (2.39)
10	14.26 (13.05)	30.03 (30.45)	1.98 (1.63)

3.2.3 四唑类配合物的制备及表征

3.2.3.1 四唑类配合物的制备

（1）配合物 $Mn(tza)(H_2O)_2$ **(11)** 的制备

将 H_2tza（24.8mg，0.2mmol）和 $Mn(OAc)_2 \cdot 4H_2O$（24.5mg，0.1mmol）分别倒入 5mL 甲醇中并不断搅拌，两者混合后产生白色沉淀，将白色沉淀过滤，待白色沉淀自然干燥后，将沉淀物倒入 5mL 水中，充分搅拌 30min 至沉淀充分溶解，过滤、封膜，静置一周后出现淡黄色块状晶体。元素分析理论值：C，16.59%；H，2.76%；N，25.80%；实际值：C，16.70%；H，2.72%；N，25.89%。IR（KBr，cm^{-1}）：3438s，2928w，2849w，1578w，1469m，1382m，1272s，1146s，804w，743m，621w。

（2）配合物 $Ag(Htza)_n$ **(12)** 的制备

将 H_2tza（12.4mg，0.1mmol）和 $AgNO_3$（8.5mg，0.05mmol）混合后倒入 6mL 水中，将混合物缓慢倒入 20mL 透明玻璃瓶中，程序升温至 60℃ 保温 7d，再以 2℃·h^{-1} 降至室温，玻璃瓶底部有无色块状晶体出现。元素分析理论值：C，15.27%；H，1.72%；N，23.75%；实际值：C，15.30%；H，1.71%；N，23.81%。IR（KBr，cm^{-1}）：3407s，1745m，1589s，1246s，974m，683w。

（3）配合物 $[Zn_3(tza)_3(H_2O)_3] \cdot 2CH_3OH$ **(13)** 的制备

将 H_2tza（24.8mg，0.2mmol）和金属盐 $Zn(OAc)_2 \cdot 2H_2O$（22.0mg，0.1mmol）分别溶于 3mL 甲醇中，将溶解后的两物质混合在一起，并加入 2mL 水。将所得到的混合物缓慢倒入 15mL 聚四氟乙烯反应釜中，程序升温至 110℃ 保温 3d，以 5℃·h^{-1} 降至室温，过滤后得到淡黄色块状晶体。元素分析理论值：C，19.01%；H，2.91%；N，24.27%；实际值：C，19.06%；H，2.89%；N，24.26%。IR（KBr，cm^{-1}）：3405s，3251m，2359w，1587s，1499m，1387m，1268s，1163s，864w，730w，614w。

（4）配合物 [Cd$_3$(tza)$_3$(H$_2$O)$_2$]·3H$_2$O (**14**) 的合成

将 H$_2$tza（6.2mg，0.05mmol）和 Cd(OAc)$_2$·2H$_2$O（26.7mg，0.1mmol）加入 5mL 水中搅拌 10min 后，将溶液缓慢倒入 15mL 反应釜中，向反应釜中滴加 0.5mol·L^{-1} KOH 调节 pH ≈ 6，程序升温至 100℃保温 72h，以 4℃·h^{-1} 降至室温，过滤后，滤纸上有无色块状晶体出现。元素分析理论值：C，13.52%；H，2.03%；N，19.99%；实际值：C，13.41%；H，1.98%；N，20.86%。IR（KBr，cm^{-1}）：3395s，1567s，1495m，1378m，997w，864w，750m，678w。

3.2.3.2 四唑类配合物的晶体结构测定与分析

晶体结构测定方法同 3.2.1.2。

四唑类配合物的晶体学数据、键长和键角等相关参数列于表3-20～表3-22。

表3-20 四唑类配合物 **11** ～ **14**晶体学数据表

项目	化合物 **11**	化合物 **12**	化合物 **13**	化合物 **14**
分子式	C$_3$H$_6$MnN$_4$O$_4$	C$_3$H$_4$AgN$_4$O$_2$	C$_{11}$H$_{20}$Zn$_3$N$_{12}$O$_{11}$	C$_9$H$_{16}$Cd$_3$N$_{12}$O$_{11}$
分子量	217.06	235.97	692.50	805.54
晶系	单斜晶系	单斜晶系	单斜晶系	单斜晶系
CCDC	2215094	2194133	2155393	2207976
空间群	*Pnma*	*P*2$_1$/*c*	*P*2$_1$/*n*	*C*2/*c*
a/(Å)	8.4529(3)	8.9016(9)	16.0368(4)	26.847(8)
b/(Å)	7.6994(3)	6.0544(6)	9.1069(2)	8.503(2)
c/(Å)	10.7378(4)	10.7478(11)	16.6539(4)	18.968(6)
α/(°)	90	90	90	90
β/(°)	90	105.461(3)	108.2700(10)	105.336(12)
γ/(°)	90	90	90	90
V/Å^3	698.84(5)	558.28(10)	2309.62(10)	4176(2)
Z	4	4	4	8
D$_c$/g·cm^{-3}	2.063	2.807	1.992	2.562
M/mm^{-1}	1.870	3.540	3.171	3.112
F(000)	436.0	452.0	1392.0	3088.0
F^2 的拟合优度	2.291	1.235	1.064	1.145
R 指数（最终）[*I* > 2σ(*I*)]	R_1=0.1472 wR_2=0.4395	R_1=0.0840 wR_2=0.2304	R_1=0.0368 wR_2=0.1140	R_1=0.0210 wR_2=0.0628
R 指数（所有数据）	R_1=0.1494 wR_2=0.4466	R_1=0.0840 wR_2=0.2305	R_1=0.0415 wR_2=0.1165	R_1=0.0265 wR_2=0.0648

表3-21　配合物 **11** ~ **14**的主要键长数据

键	键长 /Å	键	键长 /Å
配合物 **11**			
Mn1-O1	2.509(11)	Mn1-O3	2.175(10)
Mn1-O1[1]	2.184(10)	Mn1-N3[1]	2.280(12)
Mn1-O2	2.211(14)	Mn1-N2[2]	2.403(10)
Mn1-O3[3]	2.175(10)		
配合物 **12**			
Ag(1)-N(3)	2.201(6)	Ag(1)-N(2)[2]	2.370(5)
Ag(1)-O(1)[1]	2.593(5)	Ag(1)-N(1)[3]	2.222(4)
配合物 **13**			
Zn3-N1	2.036(3)	Zn2-N4	2.145(3)
Zn1-N3	2.183(3)	Zn1-N5	2.184(3)
Zn2-N6	2.147(3)	Zn3[1]-N8	2.038(3)
Zn1-N9	2.100(3)	Zn3[2]-N12	2.065(3)
Zn3-O1	2.117(2)	Zn2[3]-O2	2.049(3)
Zn1[4]-O3	2.078(2)	Zn3[1]-O4	2.075(2)
Zn1-O5	2.273(2)	Zn2-O5	2.128(2)
Zn2-O7	2.176(3)	Zn2-O8	2.090(3)
Zn1-O9	2.056(2)		
配合物 **14**			
Cd1-O1	2.179(3)	Cd2-N8	2.249(3)
Cd1-N2	2.348(3)	Cd2-N9	2.232(3)
Cd1-O5[1]	2.283(2)	O3-Cd3[3]	2.318(2)
Cd1-N7[1]	2.563(3)	O3-Cd3[4]	2.492(2)
Cd1-O7	2.294(3)	Cd3-N5[5]	2.358(3)
Cd1-N12[2]	2.328(3)	Cd3-O4[4]	2.403(2)
N1-Cd2[1]	2.405(3)	Cd3-N4[6]	2.505(3)
Cd2-O2	2.284(3)	Cd3-N5	2.284(3)
Cd2-O4	2.287(2)	Cd3-O8	2.228(3)
Cd2-O5	2.397(2)		

注：1. 化合物 **11** 对称代码：[1]$-1/2+x$, $+y$, $1/2-z$;[2]$-1+x$, $+y$, $+z$;[3]$+x$, $1/2-y$, $+z$。

2. 化合物 **12** 对称代码：[1]$+x$, $1/2-y$, $-1/2+z$;[2]$+x$, $3/2-y$, $-1/2+z$;[3]$-x$, $-1/2+y$, $1/2-z$。

3. 化合物 **13** 对称代码：[1]$1/2+x$, $1/2-y$, $1/2+z$;[2]$+x$, $1+y$, $+z$;[3]$1/2-x$, $-1/2+y$, $1/2-y$;[4]$1/2-x$, $-1/2+y$, $3/2-z$。

4. 化合物 **14** 对称代码：[1]$+x$, $1+y$, $+z$;[2]$1-x$, $1-y$, $1-z$;[3]$+x$, $1-y$, $-1/2+z$;[4]$1/2-x$, $1/2-y$, $1-z$;[5]$+x$, $1-y$, $1/2+z$;[6]$1/2-x$, $3/2-y$, $1-z$。

表3-22 配合物 **11** ~ **14**的键角数据

键	键角 /(°)	键	键角 /(°)
配合物 **11**			
O1¹-Mn1-O1	153.4(2)	O3-Mn1-O2	85.8(2)
O1¹-Mn1-O2	151.6(5)	O3³-Mn1-N2²	88.4(2)
O1¹-Mn1-N2²	74.4(4)	O3-Mn1-N2²	88.4(2)
O1¹-Mn1-N3¹	79.0(4)	O3-Mn1-O3⁴	171.5(4)
O2-Mn1-O1	55.0(4)	O3-Mn1-N3¹	93.2(2)
O2-Mn1-N2²	77.2(4)	O3³-Mn1-N3¹	93.2(2)
O2-Mn1-N3¹	129.3(5)	N3¹-Mn1-O1	74.3(4)
N2²-Mn1-O1	132.2(3)	N3¹-Mn1-N2²	153.5(4)
O3-Mn1-O1¹	93.40(19)	Mn1⁴-O1-Mn1	133.6(4)
O3³-Mn1-O1	88.12(19)	O3-Mn1-O1	88.12(19)
O3⁴-Mn1-O1¹	93.40(19)	O3²-Mn1-O2	85.8(2)
配合物 **12**			
N(3)-Ag(1)-O(1)¹	90.91(18)	N(2)²-Ag(1)-O(1)¹	84.06(18)
N(3)-Ag(1)-N(2)²	113.68(18)	N(1)³-Ag(1)-O(1)¹	112.13(17)
N(3)-Ag(1)-N(1)³	136.76(19)	N(1)³-Ag(1)-N(2)²	105.02(18)
配合物 **13**			
N3-Zn1-O5	81.25(9)	N5-Zn1-O5	81.96(9)
N9-Zn1-N3	94.08(11)	N9-Zn1-N5	162.54(10)
N9-Zn1-O5	80.94(10)	O3¹-Zn1-N5	171.47(9)
O3¹-Zn1-N5	85.61(10)	O3¹-Zn1-N9	92.04(10)
O3¹-Zn1-O5	93.88(9)	O9-Zn1-N3	88.69(10)
O9-Zn1-N5	96.26(10)	O9-Zn1-N9	101.19(10)
O9-Zn1-O3¹	95.94(10)	O9-Zn1-O5	169.86(9)
N4-Zn2-N6	88.88(10)	N4-Zn2-O7	175.91(11)
N6-Zn2-O7	93.91(11)	O2²-Zn2-N4	85.45(11)
O2²-Zn2-N6	171.12(10)	O2²-Zn2-O5	92.51(11)
O2²-Zn2-O7	91.42(12)	O2²-Zn2-O8	94.32(11)
O5-Zn2-N4	87.34(9)	O5-Zn2-N6	80.39(10)
O5-Zn2-O7	90.17(10)	O8-Zn2-N4	95.97(10)
O8-Zn2-N6	93.05(11)	O8-Zn2-O5	172.62(10)
O8-Zn2-O7	86.89(11)	N1-Zn3-N8³	151.70(12)
N1-Zn3-N12⁴	105.40(11)	NI-Zn3-O1	85.26(10)
N1-Zn3-O4³	93.35(10)	N8³-Zn3-N12⁴	102.88(12)
N8³-Zn3-O1	88.12(10)	N8³-Zn3-O4³	84.51(10)
N12⁴-Zn3-O1	102.07(12)	N12⁴-Zn3-O4³	95.85(11)
O4³-Zn3-O1	161.75(11)	N3-Zn1-N5	86.77(10)

续表

键	键角 /(°)	键	键角 /(°)
		配合物 **14**	
O1-Cd1-N2	96.70(11)	O5[1]-Cd1-N12[2]	89.37(10)
O1-Cd1-O5[1]	154.67(10)	O7-Cd1-N2	165.97(11)
O1-Cd1-N7[1]	78.46(10)	O7-Cd1-N7[1]	80.40(10)
O1-Cd1-O7	89.16(12)	O7-Cd1-N12[2]	88.08(11)
O1-Cd1-N12[2]	115.72(11)	N12[2]-Cd1-N2	100.71(11)
N2-Cd1-N7[1]	88.27(10)	N12[2]-Cd1-N7[1]	161.75(11)
O5[1]-Cd1-N2	80.98(9)	O2-Cd2-N1[3]	150.72(10)
O5[1]-Cd1-N7[1]	76.27(9)	O2-Cd2-O4[4]	87.88(11)
O5[1]-Cd1-O7	88.26(10)	O2-Cd2-O5	114.84(11)
O4-Cd2-N1[3]	78.83(9)	O4-Cd2-O5	156.66(9)
O5-Cd2-N1[3]	82.87(9)	N8-Cd2-O2	76.84(10)
N8-Cd2-N1[3]	83.77(10)	N8-Cd2-O4	111.15(11)
N8-Cd2-O5	80.85(10)	N9-Cd2-N1[3]	110.46(10)
N9-Cd2-O2	96.66(10)	N9-Cd2-O4	95.90(10)
N9-Cd2-O5	77.02(10)	N9-Cd2-N8	151.69(11)
O3[6]-Cd3-O3[5]	91.92(18)	O3[6]-Cd3-N3[6]	79.07(9)
O3[6]-Cd3-O4[5]	150.26(8)	O3[5]-Cd3-N4[7]	127.96(8)
O3[6]-Cd3-O4[7]	73.88(9)	N3[6]-Cd3-O3[5]	76.05(8)
N3[6]-Cd3-O4[5]	128.37(9)	N3[6]-Cd3-N4[7]	152.28(9)
O4[5]-Cd3-O3[5]	52.34(7)	O4[5]-Cd3-N4[7]	77.25(8)
N5-Cd3-O3[6]	104.23(10)	N5-Cd3-O3[5]	92.59(9)
N5-Cd3-N3[6]	96.45(10)	N5-Cd3-O4[5]	85.63(10)
N5-Cd3-N4[7]	95.96(10)	O8-Cd3-O3[6]	82.86(10)
O8-Cd3-O3[5]	82.62(9)	O8-Cd3-N3[6]	88.87(12)
O8-Cd3-O4[5]	86.19(11)	O8-Cd3-N4[7]	81.93(11)
O8-Cd3-N5	171.81(11)		

注：1. 化合物 **11** 对称代码：[1]-1/2+x, +y, 1/2-z；[2]-1+x, +y, +z；[3]+x, 1/2-y, +z；[4]1/2+x, +y, 1/2-z。

2. 化合物 **12** 对称代码：[1]+x, 1/2-y, -1/2+z；[2]+x, 3/2-y, -1/2+z；[3]-x, -1/2+y, 1/2-z。

3. 化合物 **13** 对称代码：[1]1/2+x, 1/2-y, 1/2+z；[2]+x, 1+y, +z；[3]1/2-x, -1/2+y, 1/2-z；[4]1/2-x, -1/2+y, 3/2-z。

4. 化合物 **14** 对称代码：[1]+x, 1+y, +z；[2]1-x, 1-y, 1-z；[3]+x, -1+y, +z；[4]+x, 1-y, -1/2+z；[5]1/2-x, 1/2-y, 1-z；[6]+x, 1-y, 1/2+z；[7]1/2-x, 3/2-y, 1-z。

（1）配合物 Mn(tza)(H$_2$O)$_2$(**11**)的单晶结构

配合物 **11** 的空间群为 *Pnma*，如图 3-49 所示，晶体结构不对称单元由一个独立的 Mn(Ⅱ)离子，两个不同配体的氮原子（N1，N2[1]），两个不同配体的氧原子（O1，O4，O5）和两个配位水分子的氧原子（O3，O3[1]）组成七配位结构。

Mn(Ⅱ) 离子为七配位，呈现五角双锥的构型，配体与相邻的 Mn(Ⅱ) 离子通过螯合和桥联模式形成一维链状（图 3-50）。

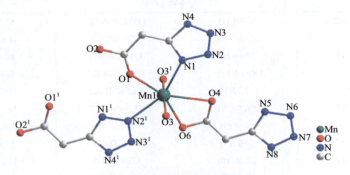

图 3-49 配合物 **11** 的配位环境图

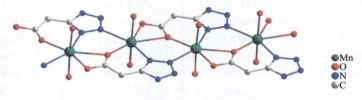

图 3-50 配合物 **11** 的一维链状图

（2）配合物 [Ag(Htza)]$_n$ (**12**) 的单晶结构

配合物 **12** 为单斜晶系。最小不对称单元由独立的 Ag(Ⅰ) 离子中心和一个脱质子的阴离子配体 Htza⁻ 组成。如图 3-51 所示，Ag(Ⅰ) 位于一个四面体几何构型的中心，与来自三个不同配体的三个氮原子（N1¹，N2²，N3）和来自羧

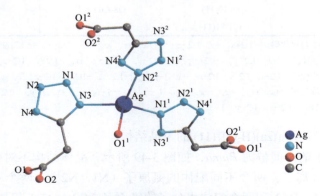

图 3-51 配合物 **12** 的配位结构图

酸基团的一个氧原子（O1^1）配位。Ag(I)阳离子和 Htza$^-$ 阴离子通过桥联螯合相互作用，形成层状结构的二维结构（图 3-52）。在二维相邻层间存在氢键相互作用 [N(4)—H(4)···O(2)^1，O(2)—H(2)···N(4)^2] 将结构扩展为三维超分子网络结构（表 3-23，图 3-53）。

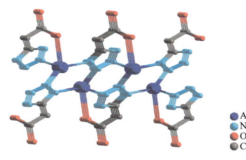

- Ag
- N
- O
- C

图 3-52　配合物 **12** 的二维结构图

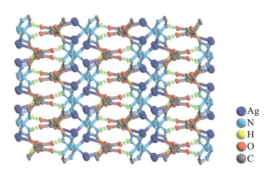

- Ag
- N
- H
- O
- C

图 3-53　配合物 **12** 的三维超分子结构图

表 3-23　配合物 **12** 的氢键长度和角度

D—H···A	d(D-H)/Å	d(H···A)/Å	d(D···A)/Å	∠(DHA)/(°)
N(4)—H(4)···O(2)^1	0.86	1.90	2.725(8)	160.4
O(2)—H(2)···N(4)^2	0.82	1.93	2.725(8)	163.0

注：配合物 **12** 对称代码 ^{1}1−x, 1/2+y, 3/2−z；^{2}1−x, −1/2+y, 3/2−z。

（3）配合物 **13** 的单晶结构

在配合物 13 的单晶结构中，不对称单元由三个独立的 Zn(II) 中心、三个 tza^{2-} 配体和三个配位水分子组成（图 3-54）。在三核锌簇中，Zn1(II) 和 Zn2(II) 是六配位的八面体构型。Zn1(II) 离子连接一个配位水分子的氧原子（O9），两个不同配体羧基的氧原子（O3，O5），以及 tza^{2-} 配体不同四唑环的三个氮原子（N3，N5，N9）。其中，O5、N9 与 Zn1(Ⅱ) 配合为螯合模式，O3、O9、N3、N5 配合为桥接模式。Zn2（Ⅱ）离子的配位几何是由两个配位水分子中的两个氧原子（O7，O8），来自不同配体的两个氧原子（O2，O5）和来自不同 H_2tza 分子的两个氮原子（N4，N6）组成。配合物中的 Zn3(Ⅱ) 离子是五配位的四方锥构型，由两个配体的两个羧酸基团中的两个氧原子（O1，O4）和三个 tza^{2-} 基团中的三个氮原子（N1，N8，N12）配位（图 3-55）。结构层进一步通过层间金属-配体相互作用（Zn3…O4、Zn3…O1、Zn3…N1 和 Zn3…N8），并将结构扩展为三维网络，其中沿轴的孔洞被游离甲醇分子填充（图 3-56，表 3-24）。在配合物 $Zn_3(tza)_3(H_2O)_3·2（CH_3OH）$ 结构中，以 Zn(Ⅱ) 离子为中心，利用配体的不同配位模式构建三维网络框架结构。分散在结构空洞中的游离甲醇分子相较于水分子具有较大的体积。通过单晶衍射数据分析，结构中的甲醇

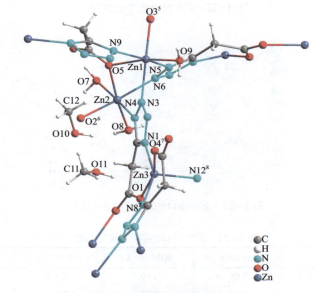

图3-54 配合物 **13** 的配位环境图

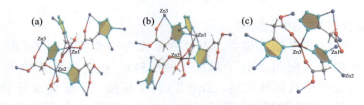

图3-55 配合物 **13** 中 Zn1(a)、Zn2(b)、Zn3(c) 的配位模式

分子与结构主体框架之间没有相互作用，导致所获得的配合物在一定温度下具有较大的孔洞结构。

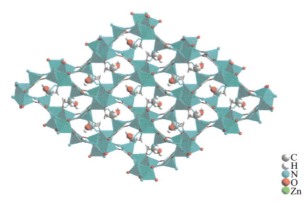

C
H
N
O
Zn

图3-56　配合物**13**的三维结构图

表3-24　配合物**13**的氢键长度和角度

D—H···A	d(D-H)/Å	d(H···A)/Å	d(D···A)/Å	∠(DHA)/(°)
O7—H7A···O6	0.86	1.88	2.640(4)	146.7
O8—H8C···O7^1	0.88	2.05	2.884(4)	157.0
O9—H9A···N10^2	0.86	2.13	2.820(4)	137.7
O9—H9B···O4^3	0.86	2.21	2.774(3)	123.6

注：配合物 **13** 对称代码 ^{1}1−x，1−y，1−z；^{2}−x，1−y，1−z；^{3}1/2−x，1/2+y，3/2−z。

（4）配合物 **14** 的单晶结构

配合物 **14** 的不对称单元由三个独立的 Cd(Ⅱ) 中心、三个 tza^{2-} 配体和两个配位水分子组成（图 3-57）。Cd1(Ⅱ) 和 Cd2(Ⅱ) 离子都为六配位，形成了扭曲的八面体结构。Cd1(Ⅱ) 离子的配位几何分别由两个独立 μ$_3$-tza^{2-} 配体的氮原子（N12^2）和氧原子（O5^1），不同的 μ$_6$-tza^{2-} 配体及配位水分子的氮原子（N7^1，N2）和氧原子（O1，O7）组成。Cd2(Ⅱ) 离子与 μ$_3$-tza^{2-} 配体的氧原子（O5）和氮原子（N9）、μ$_4$-tza^{2-} 配体的氧原子（O2）和氮原子（N8）以及来自不同的 μ$_6$-tza^{2-} 配体的氧原子（O4）和氮原子（N1）组成。Cd3(Ⅱ) 离子为七配位，形成扭曲的五边形双锥构型（图 3-58），其中氮原子（N5）来自 μ$_3$-tza^{2-} 配体，两个氮原子（N3^5，N4^6）和三个氧原子（O3^4，O3^6，O4^4）来自不同的 μ$_6$-tza^{2-} 配体。其中，N3^5、O3^6 和 O3^4、O4^4 分别来自两个相同的 μ$_6$-tza^{2-} 配体。在配合物 [Cd$_3$(tza)$_3$(H$_2$O)$_2$]·3H$_2$O 结构中，以 Cd(Ⅱ) 为中心，利用配体的不同配位模式构建三维网络框架结构，沿 b 轴的三维孔道被水分子填充（图 3-59）。结构中存在大

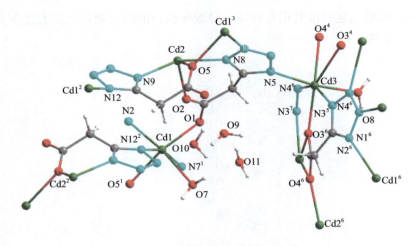

图3-57 配合物 **14** 的配位环境图

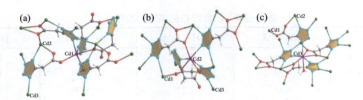

图3-58 配合物 **14** 中 Cd1(a)、Cd2(b)、Cd3(c) 的配位模式

图3-59 配合物 **14** 的三维结构图

量主体框架与水分子的氢键相互作用（表 3-25），它们可能会互相靠近并使配合物整体结构更加紧凑，导致配合物 **14** 具有相对较小的孔径。

表3-25　配合物**14**的氢键长度和角度

D—H⋯A	d(D-H)/Å	d(H⋯A)/Å	d(D⋯A)/Å	∠(DHA) /(°)
O7—H7A⋯O6[1]	0.87	2.01	2.691(5)	135.0
O7—H7B⋯O11	0.87	1.91	2.727(5)	156.1
O8—H8A⋯O11[2]	0.85	1.91	2.755(5)	173.3
O9—H9B⋯O10[3]	0.85	1.87	2.606(14)	144.6
O11—H11A⋯O9	0.85	1.79	2.597(15)	158.8
O11—H11B⋯N10[4]	0.85	1.96	2.802(5)	169.5
O10—H10A⋯O7[5]	0.85	2.28	2.871(7)	126.8
O10—H10B⋯O9[3]	0.85	1.86	2.606(14)	145.2

注：配合物 **14** 对称代码 [1]x，$1+y$，$+z$；[2]$1/2-x$，$-1/2+y$，$3/2-z$；[3]$1-x$，$+y$，$3/2-z$；[4]x，$1-y$，$1/2+z$；[5]$1-x$，$-1+y$，$3/2-z$。

3.2.3.3　四唑类配合物的红外表征与分析

利用 EQINOX-55 型傅里叶红外光谱仪对 H_2tza 配体和配合物 **11** ～ **14** 进行红外光谱表征，所得配体和配合物的红外光谱如图 3-60 所示。

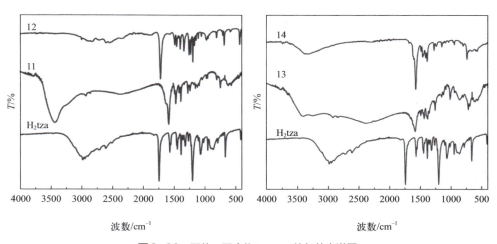

图3-60　配体、配合物 **11** ～ **14** 的红外光谱图

通过对配合物 **11** ～ **14** 的红外光谱分析表明，配合物 **11** ～ **13** 和 **14** 在 $3450cm^{-1}$ 附近位置出现一个中等强度的宽吸收峰，主要归因于配合物中水分子和甲醇分子的—OH 的伸缩振动[7]。配合物 **11** 和 **12** 在 $1460cm^{-1}$ 和 $1650cm^{-1}$

附近出现对称振动吸收 v_s（COO⁻）峰和反对称振动 v_{as}（COO⁻）峰，且配体 1750cm⁻¹ 处的吸收峰消失，说明羧基与过渡金属离子中心发生了配位[8]。

3.2.3.4 四唑类配合物的热稳定性分析

在 Al_2O_3 坩埚中盛放大约 5mg 样品，在空气组分的作用下，以 10℃·min⁻¹ 的升温速率在 30 ～ 800℃温度区间内进行配合物的热稳定性测试。

（1）配合物 **11** 的热稳定性

如图 3-61 所示，配合物 **11** 主要经过了两个失重过程，第一阶段失重从 195.1℃ 开始，两个配位水分子和主体框架发生连续分解。在 564.1℃之后几乎不再有失重行为，残余率为 24.1%，推测最终产物为 MnO_2，与理论残余率 25.2% 接近。

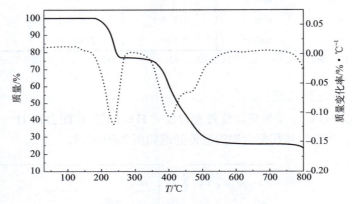

图3-61 配合物**11**的TG-DTG图

（2）配合物 **12** 的热稳定性

配合物 **12** 的热重曲线如图 3-62 所示，配合物 **12** 在 256.8℃之前没有出现失重过程，说明配合物处于明显的稳定状态，热稳定性良好。在持续加热的条件下，256.8℃之后出现两个连续的失重过程，表明配合物的主体框架发生分解，待完全分解后得到的 AgO 残留量占总质量的 49.8%，与理论计算值（52.2%）接近。

（3）配合物 **13** 的热稳定性

热重曲线表明，配合物 **13** 在 48.5 ～ 97.8℃温度范围内的质量损失为 8.9%，可归因于两个甲醇分子（9.2%）的释放。在 151.5 ～ 224.1℃的温度范围内失重 7.1%，与配合物中的三个配位水分子去除率一致。在持续加热的条件下，配合物在 287.3℃后随着有机配体的分解而发生骨架坍塌，最终得到的 ZnO 残留量占总质量的 34.7%，与理论值（35.1%）接近（图 3-63）。

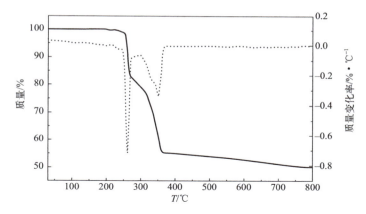

图3-62　配合物 **12** 的TG-DTG图

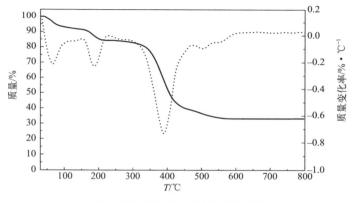

图3-63　配合物 **13** 的TG-DTG图

（4）配合物 **14** 的热稳定性

如图 3-64 热重曲线所示，配合物 **14** 在 115.5 ～ 189.5℃温度范围内的质量损失为 11.2%，可归因于三个游离水（6.7%）和两个配位水分子（4.5%）的释放。在 189.5 ～ 358.6℃的温度范围内出现一个平台，说明配合物相对处于稳定状态。在持续加热的条件下，出现一个快速失重过程，表明配合物的主体框架发生分解，最终得到的 CdO 残留量占总质量的 47.8%，与理论值（47.8%）一致。

3.2.3.5　四唑类配合物的热稳定性分析

利用 Vario EL cube 型元素分析仪对配合物 **11** ～ **14** 中的 C、H、N 三种元素的含量进行实际测定，并与理论值进行了比较，表 3-26 为配合物的元素含量

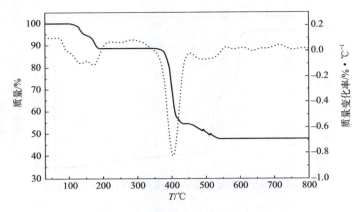

图3-64　配合物14的TG-DTG图

分析结果。配合物 **11** ～ **14** 的元素分析理论值与实验值十分接近，与单晶衍射结构吻合，也说明配合物纯度很高。

表3-26　配合物 **11** ～ **14** 的元素分析

配合物	实测值（理论值）/%		
	C	N	H
11	16.77(16.59)	26.12(25.80)	2.83(2.76)
12	15.25(15.27)	23.82(23.75)	1.71(1.73)
13	19.01(19.06)	24.27(24.26)	2.91(2.89)
14	13.52(13.41)	19.99(20.86)	2.03(1.98)

3.3
氮杂环过渡金属配合物的非等温动力学研究

3.3.1　吡唑类配合物的非等温动力学研究

对配合物的非等温动力学研究主要采用 Kissinger 方法 [9] 与 Ozawa-Doyle 方法 [10] 计算配合物的表观活化能 E_a 与指前因子 A。利用差示扫描量热法，分析配合物在 $5℃·min^{-1}$、$10℃·min^{-1}$、$15℃·min^{-1}$、$20℃·min^{-1}$ 等不同升温速率下的非等温动力学。Kissinger 和 Ozawa-Doyle 方程分别如下：

$$\ln\left(\frac{\beta}{T_p^2}\right)=\ln\frac{AR}{E_a}-\frac{E_a}{RT_p} \tag{3-1}$$

$$\lg\beta+\frac{0.4567E}{RT_{\mathrm{p}}}=C \tag{3-2}$$

式中，E_{a} 为表观活化能；A 为指前因子；T_{p} 为峰温；R 为气体常数（$R=8.314\mathrm{J}\cdot$ $\mathrm{mol}^{-1}\cdot\mathrm{K}^{-1}$）；$\beta$ 为升温速率；C 为常数。

不同升温速率下吡唑类配合物的 HTD 温和动力学参数如表 3-27 所示。

表3-27　不同升温速率下吡唑类配合物的HTD温度动力学参数

项目		H_2apza	配合物 1	配合物 2	配合物 3
峰温 /℃	5℃·min⁻¹	201.3	340.7	387.6	369.3
	10℃·min⁻¹	211.6	351.8	398.1	381.4
	15℃·min⁻¹	217.3	358.7	405.3	388.5
	20℃·min⁻¹	225.4	364.3	410.9	395.2
Kissinger 方法	E_k/kJ·mol⁻¹	107.56	181.78	213.06	182.48
	$\ln A_k$/s⁻¹	21.97	30.29	33.48	28.76
	r_k	0.9903	0.9995	0.9987	0.9987
Ozawa-Doyle 方法	E_o/kJ·mol⁻¹	109.97	182.74	213.23	183.89
	r_o	0.9917	0.9996	0.9989	0.9989
	E_a（E_k、E_o 的平均值 ）/kJ·mol⁻¹	108.76	182.26	213.15	183.19

从表 3-27 可知，随着升温速率的增加，放热的峰值温度也随之上升。由 E_k 和 E_o 的平均值得到配体 H_2apza 与配合物 1～3 的表观活化能 E_a 分别为 108.76kJ·mol⁻¹、182.26kJ·mol⁻¹、213.15kJ·mol⁻¹、183.19kJ·mol⁻¹。与配体相比，配合物 1～3 具有更高的活化能，表明与金属离子配位增加了配合物的稳定性，其中配合物 2 的活化能是最高的，表明配合物 2 具有最高的稳定性。说明在这一类含能配合物中，Zn^{2+} 对含能配合物的热稳定性贡献比 Co^{2+} 和 Cd^{2+} 更大 [11]。r_k 与 r_o 的数值接近 1，证明结果接近实际值 [12]。计算得到配体 H_2apza 与配合物 1～3 的 Arrhenius 方程分别为：

$$（H_2\text{apza}）\ln k=30.29-\frac{182.26\times10^{-3}}{RT} \tag{3-3}$$

$$\ln k=30.29-\frac{182.26\times10^{-3}}{RT} \tag{3-4}$$

$$\ln k = 33.48 - \frac{213.15 \times 10^{-3}}{RT} \tag{3-5}$$

$$\ln k = 28.76 - \frac{183.19 \times 10^{-3}}{RT} \tag{3-6}$$

3.3.2 三唑类配合物的非等温动力学研究

三唑类配合物 **4 ～ 7** 分解反应的放热峰温 T_p 随着速率的增大而向高温方向移动（表3-28）。r_k 与 r_o 分别是两种方法得到的线性相关系数，接近于 1，说明计算结果具有可靠性。计算得到配合物的 Arrhenius 方程式分别是：

$$\ln k = 12.03 - \frac{96.27 \times 10^3}{RT} \tag{3-7}$$

$$\ln k = 13.06 - \frac{95.43 \times 10^3}{RT} \tag{3-8}$$

$$\ln k = 12.66 - \frac{98.67 \times 10^3}{RT} \tag{3-9}$$

$$\ln k = 10.21 - \frac{88.53 \times 10^3}{RT} \tag{3-10}$$

表3-28 不同升温速率下三唑类配合物的HTD温度和热动力学参数

项目		配合物 4	配合物 5	配合物 6	配合物 7
峰温 /℃	5℃·min⁻¹	350.2	315.8	345.8	358.0
	10℃·min⁻¹	370.2	339.9	367.0	376.9
	15℃·min⁻¹	386.0	341.9	382.5	393.7
	20℃·min⁻¹	395.9	358.2	388.8	409.5
Kissinger 方法	E_k/kJ·mol⁻¹	93.46	92.89	95.96	85.44
	$\ln A_k$/s⁻¹	12.03	13.06	12.66	10.21
	r_k	0.9983	0.9655	0.9970	0.9882
Ozawa-Doyle 方法	E_o/kJ·mol⁻¹	99.08	97.96	101.37	91.62
	r_o	0.9986	0.9717	0.9975	0.9909
	E_a（E_k、E_o 的平均值）/ kJ·mol⁻¹	96.08	95.43	98.67	88.53

从表 3-28 可知，在反应速率为 10℃·min^{-1} 时，通过比较配合物的放热峰温，可以看出配合物 **5** 的放热峰温较小，说明配合物 **5** 对外界刺激更敏感。此外，配合物 **4** ～ **7** 的活化能 E_a 分别为 96.08kJ·mol^{-1}、95.43kJ·mol^{-1}、98.67kJ·mol^{-1}、88.53kJ·mol^{-1}，其中配合物 **6** 的活化能最大，说明在热分解过程中需要更多的外界能量，即需要克服自身的能垒最大[13]。

3.3.3　四唑类配合物的非等温动力学研究

从表 3-29 可以看出，四唑类配合物随着加热速率的增加，放热峰值也随之增加。由 E_k 和 E_o 的平均值得到 H$_2$tza、配合物 **11** ～ **14** 的 E_a 分别为 107.66kJ·mol^{-1}、158.88kJ·mol^{-1}、211.49kJ·mol^{-1}、164.90kJ·mol^{-1} 和 219.49kJ·mol^{-1}。与配体相比，配合物 **11** ～ **14** 的表观活化能较大，说明两种配合物具有良好的热力学稳定性。配合物 **11** 和 **12** 比较发现，配合物 **11** 具有较低的表观活化能，可能是由于自身的水分子降低热力学稳定性；而配合物 **12** 具有较高的表观活化能，可能是因为配合物 **12** 在层间存在大量氢键，二维结构进一步形成稳定的三维超分子结构增加了其热力学稳定性[14]。其中，配合物 **14** 的表观活化能最大，说明配合物 **14** 在发生反应时需要引入更多的能量，导致配合物的放热过程不容易进行，其热力学稳定性较好，这可能与配合物 **14** 本身具有三维复杂的连接方式和大量分子间氢键的存在有关[15, 16]。此外，配合物 **11** ～ **14** 的 Arrhenius 方程分别为：

$$\ln k = 22.56 - \frac{158.88 \times 10^3}{RT} \tag{3-11}$$

$$\ln k = 36.37 - \frac{211.49 \times 10^3}{RT} \tag{3-12}$$

$$\ln k = 28.47 - \frac{164.90 \times 10^3}{RT} \tag{3-13}$$

$$\ln k = 33.99 - \frac{219.4 \times 10^3}{RT} \tag{3-14}$$

表3-29　不同升温速率下四唑类配合物 HTD 温度和动力学参数

项目		H$_2$tza	配合物 11	配合物 12	配合物 13	配合物 14
T_p/℃	5℃·min^{-1}	238.96	396.95	339.55	384.76	398.72
	10℃·min^{-1}	254.41	414.37	350.15	396.87	408.98

项目		H₂tza	配合物 11	配合物 12	配合物 13	配合物 14
$T_p/℃$	15℃·min⁻¹	261.52	424.65	356.75	405.33	417.73
	20℃·min⁻¹	265.21	427.36	358.75	414.99	421.28
Kissinger 方法	$E_k/kJ·mol^{-1}$	106.11	157.32	211.76	163.59	219.47
	lg A/s^{-1}	8.42	9.7971	15.7970	12.366	14.760
	r_k	0.9921	0.9902	0.9930	0.9907	0.9964
Ozawa-Doyle 方法	$E_o/kJ·mol^{-1}$	109.20	160.43	211.21	166.20	219.50
	r_o	0.9932	0.9914	0.9936	0.9919	0.9967
	$E_a(E_k、E_o$ 的平均值 $)/kJ·mol^{-1}$	107.66	158.88	211.49	164.90	219.49

3.4
氮杂环过渡金属配合物的热力学研究

活化自由能（$\Delta G^{\neq}$）、活化焓（$\Delta H^{\neq}$）和放热分解反应的活化熵（$\Delta S^{\neq}$）用式（3-15）～式（3-18）计算[15]。

$$T_p = T_{po} + b\beta_i + c\beta_i^2 + d\beta_i^3, \quad i=1,2,3,4 \tag{3-15}$$

$$A_k \exp(-E_k / RT_{po}) = [K_B T_{po} / h]\exp(-\Delta G^{\neq} / RT_{po}) \tag{3-16}$$

$$\Delta H^{\neq} = E_k - RT_{po} \tag{3-17}$$

$$\Delta G^{\neq} = \Delta H^{\neq} - T_{po}\Delta S^{\neq} \tag{3-18}$$

式中，$A=A_k$，$T=T_{po}$，$E=E_k$；T_{po} 为 DSC 曲线偏离峰值温度（T_p）时的初始温度点；b，c，d 为系数；$h=6.626×10^{-34}J·K^{-1}$，为普朗克常数；$K_B=1.3807×10^{-23}$ $J·K^{-1}$，为玻尔兹曼常数。

将计算得到的数据列于表 3-30，吡唑配体和相关配合物的 $\Delta G^{\neq}$ 都是正值，表明配合物的放热分解不是自发的，需要依赖外界能量的引入[17]。配合物的 $\Delta H^{\neq}$ 均大于配体，表明引入金属离子参与配位有利于提高稳定性。配合物 1 的 T_b 值最低，配合物 2 的 T_b 值最高，说明配合物 1 更容易从热分解转变为热爆炸。

表3-30　不同配合物的热力学活化参数

项目	H$_2$apza	配合物 1	配合物 2	配合物 3
T_{po}/℃	179.4	322.5	372.1	347.6
T_t/℃	182.0	327.4	377.7	353.3
$\Delta G^{\neq}$/kJ·mol^{-1}	118.0	179.8	201.3	184.9
$\Delta H^{\neq}$/kJ·mol^{-1}	106.1	179.1	210.0	179.6
$\Delta S^{\neq}$/J·mol^{-1}·K^{-1}	−66.3	−2.0	23.3	−15.4

由表 3-31 可知，四唑配体及其相关配合物的 $\Delta G^{\neq}$ 都是正值，这表明它们的放热分解也不是自发进行的。此外，活化焓值遵循以下顺序：H$_2$tza< 配合物 11< 配合物 13< 配合物 12< 配合物 14。活化熵值大小顺序为：H$_2$tza< 配合物 11< 配合物 13< 配合物 14< 配合物 12。这表明添加金属离子有助于提高化学稳定性[18]。

表3-31　不同配合物放热过程的热力学参数

项目	H$_2$tza	配合物 11	配合物 12	配合物 13	配合物 14
T_{po}/℃	207.9	366.6	325.6	364.2	390.7
$\Delta G^{\neq}$/kJ·mol^{-1}	148.3	198.1	180.8	172.8	198.9
$\Delta H^{\neq}$/kJ·mol^{-1}	102.0	152.0	206.8	158.3	214.0
$\Delta S^{\neq}$/J·mol^{-1}·K^{-1}	−96.2	−72	43.4	−22.8	22.8

3.5
氮杂环过渡金属配合物的爆炸性能研究

传统含能材料因无法很好平衡高能钝感之间的矛盾，发展受到了一定的阻碍。在探索新型含能材料过程中，其爆炸热、爆炸速度、爆炸压力、撞击感度和摩擦感度性能是非常重要的参考参数。本节采用 Gaussian 09 软件，利用 B3LYP/6-311++G（d，p）基组计算 14 种含能配合物的爆炸热（ΔH_{det}）。采用 Kamlet-Jacobs 方程进行配合物的爆速（D）和爆压（P）的计算，利用 BAW 落锤实验测试其机械感度。

3.5.1　爆炸热、爆速和爆压的理论计算

根据 Kamlet-Jacobs 提出的最大放热原理，采用 H$_2$O-CO$_2$ 任意理论来确定含金属炸药的爆轰产物。在大多数情况下，金属原子转化为氧化态，在爆炸后释放出更多的热量。如果金属氧化物的生成热高于 H$_2$O 或者分子中没有 O 原子，则可以将金属原子视为其还原态。此外，O 原子首先与 H 原子形成 H$_2$O，其余

的 O 原子与 C 原子形成 CO_2；如果 O 原子的数量不足以氧化所有的 H 原子，则剩下的形成 O_2[19]。根据上述对反应产物的分析可以得到含能配合物的爆轰反应方程式 [式（3-19）～式（3-32）]。通过密度泛函理论（DFT）和 Kamlet-Jacobs（K-J）方程计算出两种配合物的爆炸能量 $\Delta E_{DFT,det}$，利用线性相关方程（$\Delta H_{det}=1.127\Delta E_{DFT,det}+0.046$，$r=0.968$）计算出配合物的爆炸热 ΔH_{det}[20]。而配合物的爆速（D）、爆压（P）利用 K-J 方程 [式（3-33）～式（3-37）] 即可进行估算。

$$CoC_8H_{16}N_6O_8(s)(\mathbf{1}) \longrightarrow CoO(s)+7H_2O(g)+2/3NH_3(g)+8C(s)+8/3N_2(g) \tag{3-19}$$

$$ZnC_8H_{16}N_6O_8(s)(\mathbf{2}) \longrightarrow ZnO(s)+7H_2O(g)+2/3NH_3(g)+8C(s)+8/3N_2(g) \tag{3-20}$$

$$CdC_8H_{16}N_6O_8(s)(\mathbf{3}) \longrightarrow CdO(s)+7H_2O(g)+2/3NH_3(g)+8C(s)+8/3N_2(g) \tag{3-21}$$

$$MnC_6H_{10}N_8O_6(s)(\mathbf{4}) \longrightarrow MnO_2(s)+4H_2O(g)+2/3NH_3(g)+11/3N_2(g)+6C \tag{3-22}$$

$$FeC_6H_{13}N_8O_8(s)(\mathbf{5}) \longrightarrow 1/3Fe_3O_4(s)+13/2H_2O(g)+1/12CO_2(g)+4N_2(g)+71/12C \tag{3-23}$$

$$CoC_6H_{14}N_8O_8(s)(\mathbf{6}) \longrightarrow CoO(s)+7H_2O(g)+4N_2(g)+6C \tag{3-24}$$

$$CuC_3H_6N_4O_4(s)(\mathbf{7}) \longrightarrow CuO(s)+3H_2O(g)+1/2CO_2(g)+2N_2(g)+5/2C(s) \tag{3-25}$$

$$ZnC_6H_8N_8O_5(s)(\mathbf{8}) \longrightarrow ZnO(s)+4H_2O(g)+4N_2(g)+6C(s) \tag{3-26}$$

$$CdC_6H_8N_8O_5(s)(\mathbf{9}) \longrightarrow CdO(s)+4H_2O(g)+4N_2(g)+6C(s) \tag{3-27}$$

$$ZnC_2H_3N_4Cl(s)(\mathbf{10}) \longrightarrow Zn(s)+HCl(g)+2/3NH_3(g)+5/3N_2(g)+2C(s) \tag{3-28}$$

$$MnC_3H_6N_4O_4(s)(\mathbf{11}) \longrightarrow MnO_2(s)+2H_2O(g)+2/3NH_3(g)+5/3N_2(g)+3C(s) \tag{3-29}$$

$$AgC_3H_4N_4O_2(s)(\mathbf{12}) \longrightarrow AgO(s)+3/2H_2O(g)+2N_2(g)+3C(s) \tag{3-30}$$

$$Zn_3C_{11}H_{20}N_{12}O_{11}(s)(\mathbf{13}) \longrightarrow ZnO(s)+10H_2O(g)+1/2CO_2(g)+6N_2(g)+21/2C(s) \tag{3-31}$$

$$Cd_3C_9H_{16}N_{12}O_{11}(s)(\mathbf{14}) \longrightarrow 3CdO(s)+8H_2O(g)6N_2(g)+9C(s) \tag{3-32}$$

$$D=1.01\Phi^{1/2}(1+1.30\rho) \tag{3-33}$$

$$P=1.558\varPhi\rho^2 \qquad\qquad (3-34)$$

$$\varPhi=31.68N(MQ)^{1/2} \qquad\qquad (3-35)$$

$$N=\frac{\sum n_g}{\text{炸药配方质量}} \qquad\qquad (3-36)$$

$$M=\frac{\sum(n_g M_g)}{\sum n_g} \qquad\qquad (3-37)$$

式中，D 为爆炸速度，$km\cdot s^{-1}$；P 为爆炸压力，GPa；N 为每克该物质发生爆轰时生成产物气体的摩尔量；M 为产物气体的平均摩尔质量；Q 为每克该物质的爆轰化学能，即每克物质的最大爆炸热，$kcal\cdot g^{-1}$；ρ 为该化合物密度，$g\cdot cm^{-3}$。

3.5.1.1　吡唑配合物的爆炸热、爆速和爆压

吡唑类配合物 **1** ～ **3** 的爆炸热的相关参数见表 3-32。

表3-32　配合物爆炸热的相关参数

项目	配合物 1	配合物 2	配合物 3
hartree	−1387.120	−1308.062	−1291.022
CoO/hartree	−220.207	—	—
ZnO/hartree	—	−140.712	—
CdO/hartree	—	—	−123.178
H_2O/hartree	−76.414	−76.414	−76.414
NH_3/hartree	−54.565	−54.565	−54.565
C/hartree	−37.787	−37.787	−37.787
N_2/hartree	−109.481	−109.481	−109.481
$\Delta E_{DFT,det}$/hartree	1.693	1.830	2.224
$\Delta E_{DFT,det}$/kcal·g^{-1}	2.772	2.947	3.196
ΔH_{det}/kcal·g^{-1}	3.170	3.367	3.648
ΔH_{det}/kcal·cm^{-3}	5.850	6.294	7.478

如图 3-65 所示，相比于传统的含能材料，配合物拥有更高的爆炸热值，其中配合物 **3** 的爆炸热是最高的。

通过式（3-33）～式（3-37），利用 K-J 方程理论计算配合物 **1** ～ **3** 的爆速 D 和爆压 P，如表 3-33 所示。

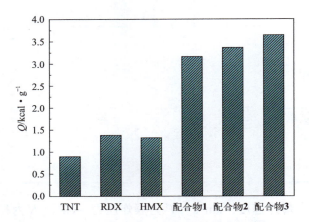

图3-65 TNT、RDX、HMX与配合物1、2和3的爆炸热对比

表3-33 配合物的爆轰性能

项目	配合物 1	配合物 2	配合物 3
$\rho/g\cdot cm^{-3}$	1.845	1.869	2.050
$m/g\cdot mol^{-1}$	383.20	389.64	436.67
$N/mol\cdot g^{-1}$	0.027	0.027	0.024
$M/g\cdot mol^{-1}$	19.875	19.875	19.875
$Q/kcal\cdot g^{-1}$	3.170	3.367	3.648
$D/km\cdot s^{-1}$	8.944	9.163	9.418
P/GPa	36.010	38.084	42.388

如图3-66所示，与其他传统的含能材料相比，吡唑类配合物**1**～**3**具有更高的爆速和爆压。配合物**1**爆速和爆压（8.944km·s^{-1}和36.010GPa）与配合物

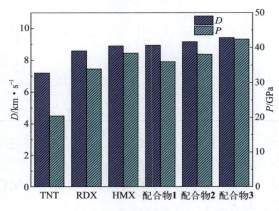

图3-66 TNT、RDX、HMX与配合物1、2、3的爆速、爆压对比

2 的爆速和爆压（9.163km·s⁻¹ 和 38.084GPa）较为接近，这可以归因于它们相似的元素组成和接近的晶体密度，配合物 **3** 具有更高的密度和爆炸热，因此其爆速和爆压（9.418km·s⁻¹ 和 42.388GPa）是最高的，可以归因于配合物 **3** 具有较高的密度和爆炸热。

3.5.1.2　三唑类配合物的爆炸热、爆速和爆压

三唑类配合物的爆炸热的相关参数见表 3-34。

表3-34　三唑类配合物 **4 ~ 10** 的爆炸计算参数

项目	4	5	6	7	8	9	10
hartree	−1227.907	−1399.686	−1421.964	−833.933	−1113.179	−1095.602	−377.476
MnO_2/hartree	−254.716	—	—	—	—	—	—
Fe_3O_4/hartree	—	−671.114	—	—	—	—	—
CoO/hartree	—	—	−220.207	—	—	—	—
Cu/hartree	—	—	—	−196.117	—	—	—
ZnO/hartree	—	—	—	—	−140.712	—	—
Zn/hartree	—	—	—	—	—	—	−65.596
CdO/hartree	—	—	—	—	—	−123.178	—
H_2O/hartree	−76.414	−76.414	−76.414	−76.414	−76.414	−76.414	—
NH_3/hartree	−54.565	−54.565	−54.565	−54.565	−54.565	−54.565	−54.565
N_2/hartree	−109.481	−109.481	−109.481	−109.481	−109.481	−109.481	−109.481
C/hartree	−37.787	−37.787	−37.787	−37.787	−37.787	−37.787	−37.787
CO_2/hartree	—	−188.540	—	−188.540	—	—	—
HCl/hartree	—	—	—	—	—	—	−15.540
$\Delta E_{DFT, det}$/hartree	3.437	2.082	2.213	0.874	2.165	2.122	1.921
$\Delta E_{DFT, det}$/kcal·g⁻¹	6.249	3.428	3.605	2.430	4.024	3.462	6.555
ΔH_{det}/kcal·g⁻¹	7.089	3.909	4.109	2.785	4.581	3.948	7.433
ΔH_{det}/kcal·cm⁻³	13.802	7.454	7.667	5.102	9.130	9.329	16.390

计算结果如表 3-35 所示。与传统的含能材料 TNT（0.897kcal·g⁻¹）[21]、RDX（1.386kcal·g⁻¹）[22] 相比，配合物 **4 ~ 10** 都拥有高的爆炸热，其中由于配合物 **4**、**10** 中没有游离水以及高的氮含量，它们的爆炸热远高于其他配合物（图 3-67）。

通过式（3-33）~ 式（3-37），利用 K-J 方程理论计算配合物 **4 ~ 10** 的爆速 D 和爆压 P，如表 3-35 所示。

表3-35　三唑类配合物4～10的爆轰参数

配合物	$\rho/g\cdot cm^{-3}$	$N/mol\cdot g^{-1}$	$M/g\cdot mol^{-1}$	$Q/kcal\cdot g^{-1}$	$D/km\cdot s^{-1}$	P/GPa
4	1.947	0.024	22.32	7.089	11.029	56.486
5	1.907	0.028	21.99	3.909	10.076	46.591
6	1.866	0.029	21.64	4.109	10.183	46.990
7	1.832	0.024	24.00	2.785	8.515	32.503
8	1.993	0.024	23.00	4.581	10.132	48.295
9	2.363	0.021	23.00	3.948	10.356	55.146
10	2.205	0.018	28.35	7.433	11.236	62.706

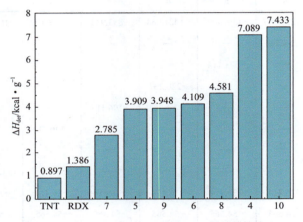

图3-67　TNT、RDX与配合物4～10爆炸热柱状图

如图3-68所示，与传统的炸药TNT（7.18km·s⁻¹，20.50GPa）、RDX（8.60km·s⁻¹，33.92GPa）相比，配合物具有高的爆速及爆压，其中配合物4、10的爆速及爆

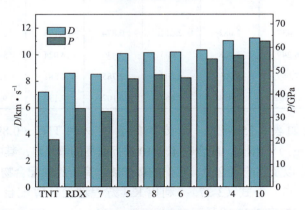

图3-68　TNT、RDX与三唑类配合物4～10爆速、爆压对比

压比较高，这主要是由高的爆炸热及密度造成的[23]。

3.5.1.3　四唑类配合物的爆炸热、爆速和爆压

表 3-36　四唑类配合物 11 ~ 14 的爆炸计算参数

项目	配合物 11	配合物 12	配合物 13	配合物 14
hartree	−742.044	−630.680	−2111.858	−1980.383
MnO_2/hartree	−254.716	—	—	—
Zn/hartree	—	—	—	—
Ag_2O/hartree	—	−369.135	−65.596	—
CdO/hartree	—	—	—	−123.178
H_2O/hartree	−76.378	−76.378	−76.378	−76.378
NH_3/hartree	−56.505	—	—	—
N_2/hartree	−109.447	−109.447	−109.447	−109.447
C/hartree	−37.738	−37.738	−37.738	−37.738
CO_2/hartree	—	—	−188.540	—
$\Delta E_{DFT,det}$/hartree	1.278	0.562	4.093	3.504
$\Delta E_{DFT,det}$/kcal·g^{-1}	3.694	1.494	3.708	2.730
ΔH_{det}/kcal·g^{-1}	4.209	1.730	4.225	3.123
ΔH_{det}/kcal·cm^{-3}	8.684	4.856	8.417	7.999

　　计算结果如表 3-36 所示。相比于传统的含能材料 TNT、RDX、HMX、CL-20，含能配合物 13 和 14 拥有的爆炸热更高，四种配合物的爆炸热大小为：配合物 12< 配合物 14< 配合物 13< 配合物 11（图 3-69）。

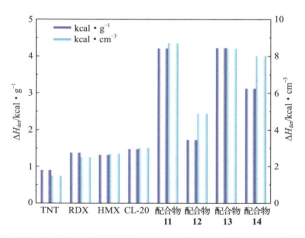

图 3-69　配合物 11 ~ 14 与传统含能材料的爆炸热对比图

通过式（3-33）～式（3-37），利用 K-J 方程理论计算四唑类配合物 **11** ～ **14** 的爆速 D 和爆压 P，如表 3-37 所示。

表3-37 配合物 **11** ～ **14** 的爆轰参数

项目	$\rho/\text{g}\cdot\text{cm}^{-3}$	$\Delta H_{det}/\text{kcal}\cdot\text{g}^{-1}$	$D/\text{km}\cdot\text{s}^{-1}$	P/GPa
TNT	1.654	0.897	7.178	20.50
RDX	1.806	1.386	8.600	33.92
HMX	1.950	1.320	8.900	38.39
配合物 **11**	2.063	4.209	9.141	40.06
配合物 **12**	2.807	1.730	8.690	42.23
配合物 **13**	1.992	4.225	9.827	45.42
配合物 **14**	2.562	3.123	9.374	46.97

四种配合物中，配合物 **13** 和 **14** 的爆速和爆压分别为 9.827km·s⁻¹、45.42GPa，9.374km·s⁻¹、46.97GPa。通过图 3-70 可以发现，配合物 **13** 和 **14** 相比于传统耐热炸药和一维链状以及二维层状含能材料（配合物 **10** 和 **11**）有更为明显的优异性能。尽管配合物 **13** 和配合物 **14** 中水分子的存在有助于提高配合物的密度和氧平衡，但同时也可能会影响其爆炸性能。这两种配合物相对突出的爆炸性能可能源于其高含氮配体、高密度、稳定的三维骨架结构。另外，分子内、分子间氢键相互作用等也是导致它们具有优异爆轰性能的重要原因。

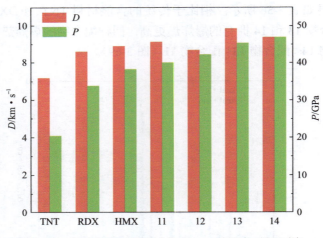

图3-70 传统含能材料与配合物 **11** ～ **14** 的爆速、爆压对比

3.5.2 感度性能测试

含能配合物除了具有优异的能量特性外，其安全性也是需要着重探究的。安

全性是不同形式感度的综合表现，感度越小，安全性能越高，在实际生产、加工、运输过程中危险性越低。常见的机械感度主要包括撞击感度和摩擦感度。撞击感度由 Fall-Hammer 装置确定，在 39.2MPa 的压力下将 20mg 配位聚合物压实到铜盖上并用落锤击打，并且以 H_{50} 值表示含能材料爆炸 50% 的落锤下降高度。

　　本节中利用 BAW 撞击感度仪和摩擦感度仪对配合物 **11 ～ 14** 进行感度测试，测试结果表明两种配合物的撞击感度（IS）均大于 40J，摩擦感度（FS）均大于 360N，属于不敏感含能材料[24]。机械不敏感性特性符合含能燃烧催化剂材料的要求。

3.6
氮杂环过渡金属配合物催化高氯酸铵热分解性能研究

　　高氯酸铵（AP）是固体推进剂的主要氧化剂之一，其热分解是一个比较复杂的过程。电子转移理论作为 AP 催化机理的基础得到了广泛的认可和应用[25]，纯 AP 的热分解需要经历三个连续的过程。第一阶段在 250℃ 左右发生吸热过程，属于 AP 的固态相变，晶型从正方体相转变成立方体相。如图 3-71 所示，第二阶段主要在 300 ～ 330℃ 的温度区间内发生低温放热反应，AP 发生部分分

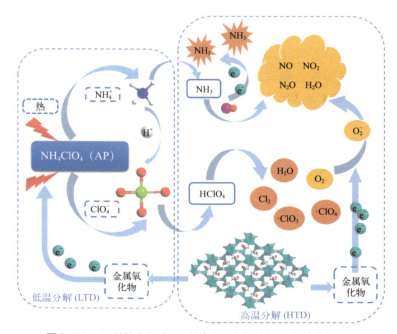

图3-71　AP 的热分解过程及其金属配合物对 AP 可能的催化机理

解并产生大量 NH_4^+、ClO_4^- 等中间产品。第三阶段的高温放热分解反应发生在高于 350℃ 的温度下，此时中间产物完全分解为 NH_3、NO_2、NO 和 Cl_2 等挥发性产品[26]。在加入具有大量氢键的三维超分子等配合物后，不仅增强了其在燃烧过程中的热稳定性，而且增加了 AP 热解过程中的催化位点数量，有利于提高其催化效率。此外，燃烧过程中在 AP 表面形成的纳米级金属氧化物作为活性中心，加速 O_2 向 O_2^- 的电子转化，促进 NH_3 从 AP 表面的解吸，这是 HTD 的关键步骤[27]。同时，O_2^- 与 NH_3 相互作用产生副产物 NO、NO_2、N_2O 和 H_2O。因此 AP 在热分解过程中对各种添加剂的存在非常敏感，本节将采用差热扫描量热法和热重分析法测定配合物 **1 ~ 14** 对 AP 热分解过程的影响，研究配合物作为燃烧催化剂的催化性能。

3.6.1　试剂及仪器

利用法国赛特拉姆公司 Labsys Evo 同步热分析仪进行样品测试，以纯 Al 坩埚盛放样品（AP：配合物 =3：1，样品总质量 <1.0mg），以氮气为流动气体，气体流动速率为 $10mL \cdot min^{-1}$。测试过程中升温速率分别为 $5℃ \cdot min^{-1}$、$10℃ \cdot min^{-1}$、$15℃ \cdot min^{-1}$、$20℃ \cdot min^{-1}$。

3.6.2　氮杂环过渡金属配合物对 AP 热分解过程的催化作用

3.6.2.1　吡唑类配合物对 AP 热分解过程的催化作用

纯 AP、吡唑类配合物与 AP 混合物的 TG 和 DSC 曲线如图 3-72 ~ 图 3-76 所示。加入配合物 **1 ~ 3** 后，第一个吸热峰的峰值温度分别提前了 2.5℃、1.7℃

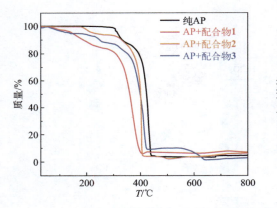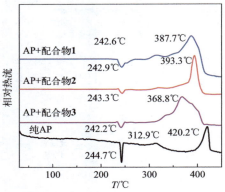

图3-72　纯 AP 和 AP 与吡唑类配合物的热分解性能

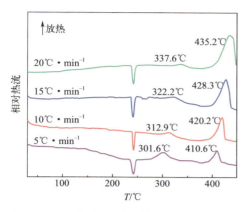

图3-73　不同升温速率下纯AP的热分解性能

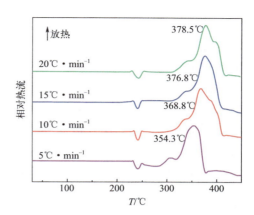

图3-74　配合物**1**对AP的催化性能

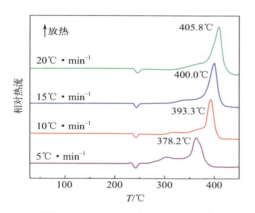

图3-75　配合物**2**对AP的催化性能

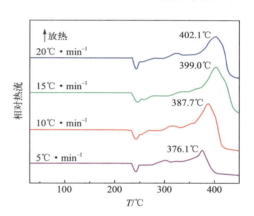

图3-76　配合物**3**对AP的催化性能

和1.8℃，说明配合物对 AP 的晶型转变影响不大。对于 AP 的放热阶段，LTD 和 HTD 两个放热峰合为一个，放热分解的时间明显减少，HTD 的峰值温度分别提前了 51.4℃、26.9℃和 32.5℃。由表 3-38 可以看出，加入配合物 AP 后的放热量有明显的增大。从 TG 曲线也可以看出，配合物的加入使 AP 的分解起始温度和完全分解温度提前，这印证了配合物的加入对 AP 的热分解有明显催化作用，其中配合物**1**的效果最好。

表3-38　AP和AP与配合物的放热峰温、放热量

项目	AP	AP+配合物 1	AP+配合物 2	AP+配合物 3
峰温 /℃	420.2	368.6	393.3	387.7
放热量 /$\mu V \cdot s \cdot mg^{-1}$	130.0	400.6	370.1	237.1

为了进一步研究配合物对 AP 的催化性能，利用不同升温速率下的 HTD 峰值温度，通过 Kissinger 方法计算纯 AP 和加入配合物 **1 ～ 3** 后 AP 热分解过程的动力学参数。

如表 3-39 所示，加入配合物 **1 ～ 3** 后，AP 的 HTD 阶段分解的活化能从 214.56kJ·mol^{-1} 下降到 162.14kJ·mol^{-1}、173.94kJ·mol^{-1} 和 172.90kJ·mol^{-1}，活化能显著降低。由于动力学补偿效应，活化能与 ln$A$ 呈正相关，因此反应活性的大小通常用 E_a/ln$A$ 的值来说明[28]，该比值越小，催化效果越好。加入配合物后，E_a/ln$A$ 的值为 6.11、6.53 和 6.51，低于纯 AP 的 6.60。因此，配合物除了提供一定的能量外，也对 AP 具有良好的催化作用。在吡唑类配合物中，配合物 **1** 的催化效果最好，与 DSC 数据显示一致，可能是因为配合物分解生成的金属氧化物中 CoO 的催化效果是最好的[24]。

表3-39　AP 和 AP 与吡唑类配合物的放热峰温和动力学参数

项目		AP	AP+配合物 1	AP+配合物 2	AP+配合物 3
峰温/℃	5℃·min^{-1}	410.6	354.3	378.2	376.1
	10℃·min^{-1}	420.2	368.6	393.3	387.7
	15℃·min^{-1}	428.3	376.8	400.0	399.9
	20℃·min^{-1}	435.2	378.5	405.8	402.1
E_a/kJ·mol^{-1}		214.56	162.14	173.94	172.90
ln$A$/s^{-1}		32.52	26.54	26.60	26.56
E_a/ln$A$		6.60	6.11	6.53	6.51

3.6.2.2　三唑类配合物对 AP 热分解过程的催化作用

三唑类配合物对 AP 的催化作用如图 3-77 所示，将配合物加入 AP 之后，晶型转化峰基本没有变化[29, 30]，但是对 AP 的热分解过程有较大的影响。AP 的高温放热峰从 420.2℃ 分别降低到 338.8℃、311.1℃、335.2℃、316.6℃、362.4℃、348.5℃、366.6℃，峰温明显提前，放热峰变窄，说明反应速率加快。体系的放热量增加主要是由于三唑配体在分解过程中释放出大量的热，同时分解过程中产生的金属氧化物具有一定的催化作用。其中 AP 分别与部分配合物的 LTD 和 HTD 合并成一个峰，主要是由于配合物的分解与 AP 的低温分解峰相互作用，AP 的低温阶段完全分解。在这些配合物中，配合物 **7**[Cu(atzc)-(H$_2$O)]·H$_2$O 的高温分解峰温为 316.6℃，分解过程时间短，放热量增加，展现出较好的催化活性。

为了进一步分析系列配合物的催化活性，分别在 5℃·min^{-1}、10℃·min^{-1}、15℃·min^{-1}、20℃·min^{-1} 升温速率下，结合 Kissinger 方程对配合物的催化活性

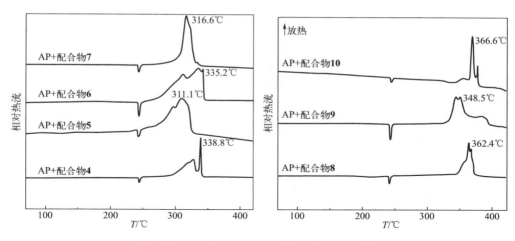

图3-77　AP 与 AP 和三唑配合物混样的 DSC 曲线

进行研究。如表 3-40 所示，计算得出 AP 的活化能为 214.56kJ·mol^{-1}。分别加入配合物之后，活化能分别为 114.75kJ·mol^{-1}、117.85kJ·mol^{-1}、238.29kJ·mol^{-1}、161.54kJ·mol^{-1}、187.09kJ·mol^{-1}、112.90kJ·mol^{-1}、163.34kJ·mol^{-1}，而由于动力学补偿效应[24]。分别加入配合物之后，$E_a/\ln A$ 分别为 6.56、6.17、5.61、5.73、6.08、6.71、6.35，均小于纯 AP（6.62），说明配合物对 AP 均起到一定的催化效果，并且配合物 **6、7** 的催化效果最好。

表3-40　AP 和配合物与 AP 的混样的热分解参数

项目	峰温 /℃				E_a/kJ·mol^{-1}	$\ln A$/s^{-1}	E_a/ $\ln A$
	5℃·min^{-1}	10℃·min^{-1}	15℃·min^{-1}	20℃·min^{-1}			
AP	410.6	420.2	428.5	435.2	214.56	32.42	6.62
AP+ 配合物 4	320.3	338.8	348.97	353.65	114.75	17.50	6.56
AP+ 配合物 5	302.9	311.1	327.1	330.9	117.85	19.09	6.17
AP+ 配合物 6	332.6	335.2	343.1	348.1	238.29	42.51	5.61
AP+ 配合物 7	307.2	316.6	324.5	330.7	161.54	28.18	5.73
AP+ 配合物 8	350.7	362.4	369.7	374.0	187.09	30.75	6.08
AP+ 配合物 9	327.6	348.5	355.1	363.6	112.90	16.81	6.71
AP+ 配合物 10	358.2	366.6	376.6	385.1	163.34	25.74	6.35

3.6.2.3　四唑类配合物对 AP 热分解过程的催化作用

将纯 AP 和配合物 **11** 和 **12** 以 3∶1 的质量比混合制备目标样品。如图 3-78（a）～（c）所示，纯 AP 和加入配合物的混合样品的分解峰温随着升温速率的提高而增加。以 10℃·min⁻¹ 的升温速率作为对比，如图 3-78（b）、（c）所示，加入配合物 **11** 和 **12** 后对纯 AP 的吸热过程没有明显影响，说明配合物的加入不影响纯 AP 的晶型转化过程。然而，在 AP 的低温和高温分解阶段，可以看到 AP 的热解峰温明显提前，配合物 **11** 和 **12** 的存在使得纯 AP 的高温分解峰分别提前了 65.8℃ 和 102.3℃。配合物 **11** 和配合物 **12** 的存在导致纯 AP 的放热分解峰合并成一个放热峰，配合物 **11** 的放热峰较为尖锐。这表明，配合物在 AP 的放热阶段表现出明显的催化作用，但对结晶转变温度的影响很小，可能的原因是配合物拥有较大的生成焓促进了其催化作用。同时，在催化过程中配合物会产生相应的金属氧化物，进一步提高了其催化作用，促进 AP 的热分解过程，配合物 **12** 使 AP 的高温分解峰提前最大，表现出优异的催化作用。

从 TG 曲线图 [图 3-78（d）] 也可看出，配合物 **11** 和 **12** 的加入使得纯 AP 的失重时间缩短，说明低温分解和高温分解同时进行，AP 的热分解速率明显提

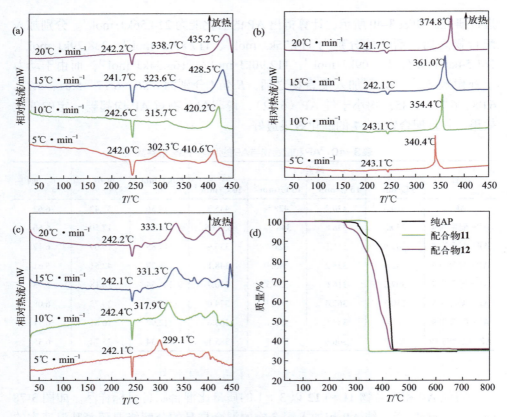

图3-78　不同温度下的纯 AP 与 AP 和配合物 **11** 和 **12** 混合物的 TG-DSC 曲线

高；此外，纯 AP 的第一次失重开始于 301.5℃，第二次开始于 370.1℃，完全分解发生在 443.1℃。在配合物 **11** 和 **12** 的存在下，可以发现纯 AP 的失重温度明显提前，配合物 **11** 和 **12** 的加入导致纯 AP 的失重阶段可以从 443.1℃明显提前到 361.3℃和 437.2℃，这表明配合物在 AP 的热分解过程中起到主要催化作用。

将纯 AP 和配合物 **13** 和 **14** 均以 3∶1 的质量比混合制备目标样品。如图 3-79（a）～（c）所示，纯 AP 和加入配合物的混合目标样品随着升温速率的提高，它们的高温分解峰温也随之增加。如图 3-79（b）、（c）所示，加入配合物 **13** 和 **14** 后对纯 AP 的吸热过程没有明显影响，说明配合物的加入不影响纯 AP 的晶型转化过程。然而，在 AP 的低温和高温分解阶段，可以看到 AP 的热解峰温有所提前，配合物 **13** 和 **14** 的存在使得纯 AP 的高温分解峰分别提高了 66.9℃和 23.0℃。这些结果表明，配合物在 AP 的放热阶段表现出良好的催化作用。

从 TG 曲线 [图 3-79（d）] 也可以看出，配合物 **13** 的加入使得纯 AP 的失

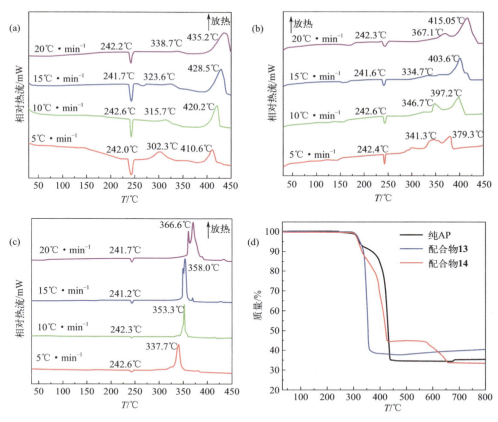

图3-79　不同温度下的纯AP与AP和配合物**13**和**14**混合物的TG-DSC曲线

重曲线变陡，说明低温分解和高温分解同时进行，失重温度区间缩短，AP 的热分解速率提高；而配合物 **14** 的热重曲线出现两个失重过程，说明其放热分解过程是分开进行的，但 AP 的失重温度有所降低，说明配合物 **14** 也具有一定的催化作用。在配合物 **13** 和 **14** 的存在下，可以发现纯 AP 的失重温度明显降低，配合物 **13** 的加入导致纯 AP 的失重阶段从 443.1℃明显降低到 366.2℃。

如图 3-80 所示，利用 Kissinger 方法可以从 $\ln(\beta/T_p^2)$ 与 $1000/T_p$ 线性关系的斜率计算表观活化能 E_a，说明这些样品的热分解遵循一级动力学规律[27]。配合物的 E_a 和 $\ln A$ 计算数值如表 3-41 所示。

在表 3-41 中可知，高温分解阶段纯 AP、AP+配合物 **11**、AP+配合物 **12**、AP+配合物 **13** 和 AP+配合物 **14** 的 E_a 分别为 214.56kJ·mol⁻¹、127.64kJ·mol⁻¹、101.53kJ·mol⁻¹、149.06kJ·mol⁻¹、137.91kJ·mol⁻¹，$\ln A$ 分别为 35.32s⁻¹、19.02s⁻¹、15.06s⁻¹、23.82s⁻¹、19.70s⁻¹，r_k 分别为 0.9928、0.9775、0.9857、0.9908、0.9914。与纯 AP 相比，配合物 **11** ~ **14** 的存在使 AP HTD 的 E_a 分别降低 103.6kJ·mol⁻¹、113.03kJ·mol⁻¹、82.16kJ·mol⁻¹ 和 93.3kJ·mol⁻¹。较低的活化能有利于分解反应的发生，其中配合物 **12** 的催化活性最好。

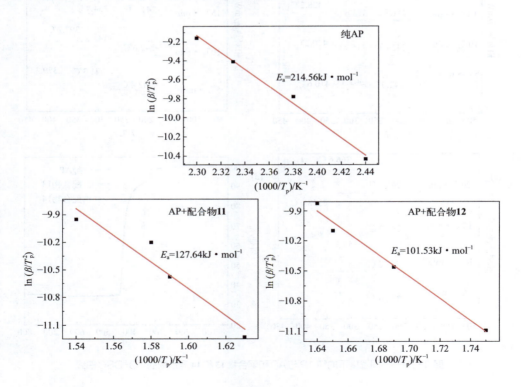

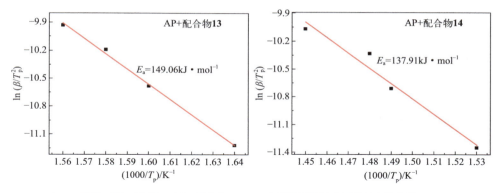

图3-80 纯AP、AP+配合物**11** ~ **14**在不同升温速率下的基辛格曲线

表3-41 纯AP和配合物**11** ~ **14**与AP混合物的热分解动力学参数

项目	$E_a/\text{kJ} \cdot \text{mol}^{-1}$	$\ln A/\text{s}^{-1}$	r_k
AP	214.56	32.42	0.9928
AP+ 配合物 **11**	127.64	19.02	0.9775
AP+ 配合物 **12**	101.53	15.06	0.9857
AP+ 配合物 **13**	149.06	23.82	0.9908
AP+ 配合物 **14**	137.91	19.70	0.9914

3.7
三种氮杂环过渡金属配合物的催化效果对比分析

　　将不同含 N 量的吡唑类过渡金属配合物，三唑类过渡金属配合物及四唑类过渡金属配合物的催化效果对比分析发现：

　　① 杂环类含能过渡金属配合物由于本身具有一定的能量，在 AP 的热分解过程中不仅不会有放热量损失，还会增加体系的放热量，有助于增加推进剂的射程；另外，含能配合物热分解过程产生的纳米级金属氧化物对 AP 分解有优异的催化效果，含能配合物实现了含能配体和金属中心的协同作用。

　　② 配合物的催化活性与选择的含能配体密切相关。相比于三唑类和吡唑类配体，四唑类配体结构更致密、含氮量更高等，在分解过程中兼具了高能和钝感的性能，引入的羧基有利于实现氧平衡。该类配合物与 AP 作用的活化能下降最多，更有利于高氯酸铵的分解。

　　③ 金属中心对催化效果影响较大。不同金属催化剂对高氯酸铵的分解速率

有不同的提升效果，这主要取决于金属与 AP 分子间的相互作用强度以及金属的电子结构。例如，银、铜、镍、钴等能有效催化高氯酸铵的分解，提高燃烧速率。金属中心对高氯酸铵催化分解的产物也有显著影响。在催化作用下，高氯酸铵的分解可能产生不同的气体产物，如氧气、氮气、水蒸气以及可能的氯化物等。金属含能催化剂的选择和结构设计可以影响这些产物的比例，从而优化燃烧效率和减少有害排放。

④ 配合物的结构对高氯酸铵的分解也有影响。过高的含水量（配位水和游离水）不利于催化过程，因此在制备时要优化条件，适当降低配合物的含水量。

3.8
小结

① 本章利用有机能量配体 3- 氨基吡唑 -4- 羧酸（H_2apza）、3- 氨基 -1,2,4- 三唑 -5- 羧酸（H_2atzc）、$1H$- 四唑 -5- 乙酸（H_2tza）和过渡金属盐通过溶液挥发法和水热法等方法合成了 15 种含能配合物，利用 X 射线单晶衍射、红外光谱和元素分析光谱等进行结构表征。

② 在对配合物 **1** ~ **14** 进行非等温动力学分析时，采用 Kissinger 方法和 Ozawa-Doyle 方法计算配合物的表观活化能，并利用 Arrhenius 公式得到配合物的反应速率常数 k。

③ 通过 DFT 计算配合物 **1** ~ **14** 的 $\Delta E_{DFT,det}$，利用线性相关方程计算了 11 种配合物的 ΔH_{det}。利用 Kamlet-Jacobs 方程估算配合物 **1** ~ **14** 的爆速和爆压。BAW 法测试结果为 IS>40J 和 FS>360N，配合物对摩擦和撞击不敏感。

④ 利用 DSC 方法和 Kissinger 方法比较配合物对 AP 热分解过程的影响，配合物 **1** ~ **14** 均能起到良好的催化作用。

参考文献

[1] Karuppasamy P, Kamalesh T, Anitha K, et al. Synthesis, crystal growth, structure and characterization of a novel third order nonlinear optical organic single crystal: 2-Amino 4,6-dimethyl pyrimidine 4-nitrophenol[J]. Optical Materials, 2018, 84: 475-489.

[2] Tseng T W, Luo T T , Lu K H. Impeller-like dodecameric water clusters in metal-organic nanotubes[J]. CrystEngComm, 2014, 16(25).

[3] Dolomanov O V, Bourhis L J, Gildea R J, et al. OLEX2: a complete structure solution, refinement and analysis program[J]. Journal of Applied Crystallography, 2009, 42(2): 339-341.

[4] Chen S, Sun S , Gao S. Solid chemistry of the Zn Ⅱ /1,2,4-triazolate/anion system: Separation of 2D

isoreticular layers tuned by the terminal counteranions X (X=Cl$^-$, Br$^-$, I$^-$, SCN$^-$)[J]. Journal of Solid State Chemistry, 2008, 181(12): 3308-3316.

[5] 梁宏姣, 李冰, 高慧, 等. 4,4′- 二羧基二苯基砜钬配合物的制备晶体结构及抑菌活性 [J]. 结构化学, 2017, 36(7): 1164-1171.

[6] Sangeetha Selvan K, Sriman Narayanan S. Synthesis, structural characterization and electrochemical studies switching of MWCNT/novel tetradentate ligand forming metal complexes on PIGE modified electrode by using SWASV[J]. Materials science & engineering. C, Materials for biological applications, 2019, 98: 657-665.

[7] Mukhopadhyay U, Bernal I. A self-assembled, decameric water cluster stabilized by a cyano-bridged copper(Ⅱ) complex[J]. Crystal Growth & Design, 2006, 6(2): 363-365.

[8] 宋欢. 三氟甲基噻唑羧酸配合物的构筑及其与 BSA/DNA 的作用机理研究 [D]. 银川：宁夏大学, 2022.

[9] Gao W, Liu X, Su Z, et al. High-energy-density materials with remarkable thermostability and insensitivity: syntheses, structures and physicochemical properties of Pb(Ⅱ) compounds with 3-(tetrazol-5-yl) triazole[J]. Journal of Materials Chemistry A, 2014, 2(30): 11958-11965.

[10] Zhai L, Bi F, Zhang J, et al. 3,4-Bis(3-tetrazolylfuroxan-4-yl)furoxan: A linear C-C bonded pentaheterocyclic energetic material with high heat of formation and superior performance[J]. ACS Omega, 2020, 5(19): 11115-11122.

[11] 陈思同. 四唑类过渡金属含能配合物的制备与性能研究 [D]. 北京：北京理工大学, 2021.

[12] Zhang R, He X, Yang D, et al. Non-isothermal crystallization kinetics and segmental dynamics of high density polyethylene/butyl rubber blends[J]. Polymer International, 2015, 64(9): 1252-1261.

[13] Yang Q, Ge J, Gong Q, et al. Two energetic complexes incorporating 3,5-dinitrobenzoic acid and azole ligands: microwave-assisted synthesis, favorable detonation properties, insensitivity and effects on the thermal decomposition of RDX[J]. New Journal of Chemistry, 2016, 40(9): 7779-7786.

[14] 李欣. 三唑基含能配合物的合成、结构及燃烧催化性能研究 [D]. 西安：西北大学, 2017.

[15] Li T C, Lu T J, Lei Q, et al. Thermal decomposition kinetics of potential solid propellant combustion catalysts Fe(Ⅱ), Zn(Ⅱ), hydroxylammonium, and hydrazinium pentazolates[J]. Propellants, Explosives, Pyrotechnics, 2021, 47(1): e202100140.

[16] 高学智. 四唑类含能配合物的制备及其性能研究 [D]. 银川：宁夏大学, 2023.

[17] Fengqi Z, Hongxu G, Yang L, et al. Constant-volumecombustion energy of the lead salts of 2HDNPPb and 4HDNPPb and their effecton combustion characteristics of RDX-CMDB propellant[J]. Journal of Thermal Analysis and Calorimetry, 2006, 85(3): 791-794.

[18] Wang P C, Xie Q, Xu Y G, et al. A kinetic investigation of thermal decomposition of 1,1′-dihydroxy-5,5′-bitetrazole-based metal salts[J]. Journal of Thermal Analysis and Calorimetry, 2017, 130(2): 1213-1220.

[19] Wang Y, Zhang J, Su H, et al. A simple method for the prediction of the detonation performances of metal-containing explosives[J]. The Journal of Physical Chemistry A, 2014, 118(25): 4575-4581.

[20] Monkhorst H J, Pack J D. Special points for Brillouin-zone integrations[J]. Physical Review B, 1976, 13(12): 5188-5192.

[21] 梁家维. 吡唑羧酸含能配合物的制备及燃烧催化性能研究 [D]. 银川：宁夏大学, 2024.

[22] 武焕平. 一类三唑衍生含能配合物的构筑及其燃烧催化性能研究 [D]. 银川：宁夏大学, 2019.

[23] Wu Q, Zhu W, Xiao H. Molecular design of tetrazole- and tetrazine-based high-density energy compounds with oxygen balance equal to zero[J]. Journal of Chemical & Engineering Data, 2013, 58(10): 2748-27

[24] Shang Y, Jin B, Peng R, et al. A novel 3D energetic MOF of high energy content: synthesis and

superior explosive performance of a Pb(ii) compound with 5,5′ -bistetrazole- 1,1′ -diolate[J]. Dalton Transactions, 2016, 45(35): 13881-13887.

[25] Zhao J, Liu Z, Qin Y, et al. Fabrication of Co_3O_4/graphene oxide composites using supercritical fluid and their catalytic application for the decomposition of ammonium perchlorate[J]. RSC Advances, 2014, 6:31046.

[26] Eslami A, Juibari N M, Hosseini S G. Fabrication of ammonium perchlorate/copper-chromium oxides core-shell nanocomposites for catalytic thermal decomposition of ammonium perchlorate[J]. Materials Chemistry and Physics, 2016, 181: 12-20.

[27] Chen T, Hu Y, Zhang C, et al. Recent progress on transition metal oxides and carbon-supported transition metal oxides as catalysts for thermal decomposition of ammonium perchlorate[J]. Defence Technology, 2021, 17(4): 1471-1485.

[28] Gao H, Li B, Jin X D, et al. Catalytic Kinetic on the Thermal decomposition of ammonium perchlorate with a new energetic complex based on 3,5-bis(3-pyridyl)- 1H-1,2,4-triazole[J]. Chinese Journal of Structure Chemistry, 2016, 35(12): 1902-1911.

[29] Xu D, Chai M, Dong Z, et al. Kinetic compensation effect in logistic distributed activation energy model for lignocellulosic biomass pyrolysis[J]. Bioresource Technology, 2018, 265: 139-145.

[30] Ganduglia-Pirovano M V, Hofmann A, Sauer J. Oxygen vacancies in transition metal and rare earth oxides: Current state of understanding and remaining challenges[J]. Surface Science Reports, 2007, 62(6): 219-270.

氮杂环稀土含能配合物的制备、表征及性能研究

固体推进剂的燃烧性能很大程度上取决于高氯酸铵的热分解性能，稀土配合物在促进高氯酸铵（AP）热分解过程中具有良好的催化能力[1-4]。本章内容包括通过水热法和溶液挥发法制备了系列新型稀土含能配合物，通过红外光谱、紫外光谱、热重分析、元素分析和差示扫描量热等表征手段对其进行结构和性能表征，并将其作为燃烧催化剂，探究稀土含能配合物对 AP 热分解过程的影响。

4.1
试剂及仪器

本章所用的主要试剂见表 4-1，主要仪器设备见表 3-2。

表4-1 主要试剂

试剂	来源	级别
3- 氨基 -1,2,4- 三唑 -5- 羧酸（H_2atzc）	阿拉丁试剂公司	分析纯
1H- 四唑 -5- 乙酸（H_2tza）	阿拉丁试剂公司	分析纯
$LaCl_3 \cdot 7H_2O$	阿拉丁试剂公司	分析纯
$Ce(NO_3)_3$	阿拉丁试剂公司	分析纯
$Nd(NO_3)_3 \cdot 6H_2O$	阿拉丁试剂公司	分析纯
$Pr(NO_3)_3 \cdot 6H_2O$	阿拉丁试剂公司	分析纯
$Gd(NO_3)_3$	阿拉丁试剂公司	分析纯

4.2
氮杂环类稀土金属含能配合物的制备及表征

4.2.1 三唑类稀土配合物的制备及表征

4.2.1.1 三唑类稀土配合物的制备

（1）配合物 **15** 的制备

将 H_2atzc（25.6mg，0.20mmol）溶解于 1mL NaOH（$1mol \cdot L^{-1}$）溶液中，加入 5mL 蒸馏水，用 $1mol \cdot L^{-1}$HCl 调节 pH ≈ 8，加入 $Ce(NO_3)_3$（32.0mg，0.1mmol），装入 25mL 的反应釜中，在 110℃下反应 72h，再以 $5℃ \cdot h^{-1}$ 的速率降至室温。用蒸馏水洗涤产物，干燥后收集获得淡黄色粉末。产率：51.3% [基于 $Ce(NO_3)_3$]。IR（cm^{-1}，KBr）：3407w，3301w，1648s，1597s，1485s，1410m，1308s，1120w，847m，739w，696m，570w。

（2）配合物 **16** 的制备

与配合物 **15** 的制备方法类似，将 $Ce(NO_3)_3$（32.0mg，0.1mmol）替代为 $Pr(NO_3)_3 \cdot 6H_2O$（32.7mg，0.1mmol），在 110℃下反应 72h，以 5℃·h^{-1} 的速率降至室温。用蒸馏水洗涤产物，干燥后收集获得绿色粉末。产率：58.2% ［基于 $Pr(NO_3)_3 \cdot 6H_2O$］。IR（cm^{-1}，KBr）：3403w，3303w，2922w，1647s，1599m，1528m，1486s，1409s，1308s，1122m，1047w，848s，813w，740s。

（3）配合物 **17** 的制备

与配合物 **15** 的制备方法类似，将 $Ce(NO_3)_3$（32.0mg，0.1mmol）替代为 $Nd(NO_3)_3$（25.1mg，0.1mmol），在 110℃下反应 72h，以 5℃·h^{-1} 的速率降至室温。用蒸馏水洗涤产物，干燥后收集获得紫色粉末。产率：54.2% ［基于 $Nd(NO_3)_3$］。IR（cm^{-1}，KBr）：3582w，3396s，3301s，1645s，1601w，1487s，1409m，1307s，1123m，1048w，1016w，847s，740m，693m，575w。

（4）配合物 **18** 的制备

将 H_2atzc（25.6mg，0.20mmol）溶解于 1mL NaOH（1mol·L^{-1}）溶液中，加入 5mL 蒸馏水，用 1mol·L^{-1}HCl 调节 pH=5 左右，加入 $Gd(NO_3)_3$（23.0mg，0.1mmol），然后装入 25mL 的反应釜中，在 110℃反应 72h，以 5℃·h^{-1} 的速率降至室温。用蒸馏水洗涤产物，干燥后收集获得淡黄色粉末。产率：55.4% ［基于 $Gd(NO_3)_3$］。IR（cm^{-1}，KBr）：3430w，3339w，3104w，1658s，1582w，1535m，1481s，1367s，1295s，1128m，1068w，841w，729m，685m，584w。

4.2.1.2　三唑类稀土配合物的红外表征与分析

4 种三唑类稀土配合物的光谱出峰位置十分接近（图 4-1 ～图 4-4），由此推断以这些配合物是异质同晶体。配合物在 3400cm^{-1} 附近有一个中等强度宽的吸收峰，是配合物中水分子 O—H 的伸缩振动导致的。1530cm^{-1} 与 3300cm^{-1} 附近出现中等吸收带对应于氨基基团的 δ(N—H) 和 v(N—H)。1300cm^{-1} 附近出现的强吸收带属于 C—N 的伸缩振动峰。配体在 1700cm^{-1} 附近有一强吸收峰，归属于配体内羧酸 C＝O 的伸缩振动，在配合物的光谱图中，该峰消失，而在 1410cm^{-1} 与 1645cm^{-1} 附近出现强的吸收峰，分别对应羧酸中羰基的反对称伸缩振动 $v_{as}(COO^-)$ 与对称伸缩振动 $v_s(COO^-)$。这表示羧酸脱质子，配体与稀土离子发生配位。此外，$\Delta[v_{as}(COO^-)-v_s(COO^-)]$ 大于 200cm^{-1}，这表明配体与稀土离子是双齿配位而不是单齿配位[5]。在 690 ～ 850cm^{-1} 出现的吸收峰归属于 Re—O 与 Re—N 的伸缩振动，进一步说明稀土离子参与了配位。

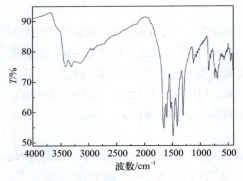

图4-1　配合物**15**的红外吸收光谱

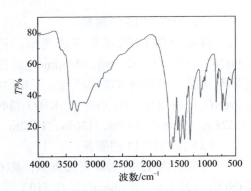

图4-2　配合物**16**的红外吸收光谱

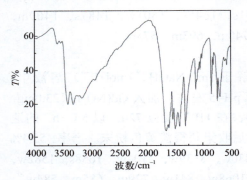

图4-3　配合物**17**的红外吸收光谱

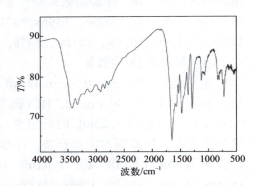

图4-4　配合物**18**的红外吸收光谱

4.2.1.3　三唑类稀土配合物的紫外表征与分析

分别将配体与稀土离子（Ce^{3+}、Pr^{3+}、Nd^{3+}、Gd^{3+}）配成浓度为 0.05mmol·L^{-1} 的二甲基亚砜（DMSO）溶液，通过摩尔比法测定配体与稀土离子的配位比。表 4-2 为摩尔比法系列溶液的配制。

表4-2　摩尔比法系列溶液的配制

编号	1	2	3	4	5	6	7	8	9	10	11	12
$V_{Re^{3+}}$/mL	0	0.5	1	1.5	2	2.5	3	3.5	4	4.5	5	5.5
V_L/mL	5	5	5	5	5	5	5	5	5	5	5	5
$N_{Re^{3+}}/N_L$	0	0.1	0.2	0.3	0.4	0.5	0.6	0.7	0.8	0.9	1.0	1.1

固定配体的浓度，逐渐改变稀土离子（Ce^{3+}、Pr^{3+}、Nd^{3+}、Gd^{3+}）的浓度，配成一系列不同浓度的配体与稀土离子的混合溶液，在 240～360nm 区间内收集混合溶液的紫外吸收光谱数据，确定其在最大波长处的吸光度。然后将吸光

度（A）作为纵坐标，稀土离子与配体浓度的比（$N_{\text{Re}^{3+}}/N_L$）作为横坐标作图。

如图 4-5 ~ 图 4-8 所示，反应起始体系中的配体是游离的，随着稀土离子浓度的增加，配体和稀土离子生成配合物的浓度也不断增加，并且有轻微的红移。当体系中的配体和稀土离子配位结束后，配合物的浓度不再随着稀土离子浓度的变化而变化，并且吸光度值也不再变化。从图可知，当稀土离子与配体的浓度比接近 0.5 后曲线几乎不再变化，表明体系中稀土离子与配体以 1：2 的比例进行配位[6]。

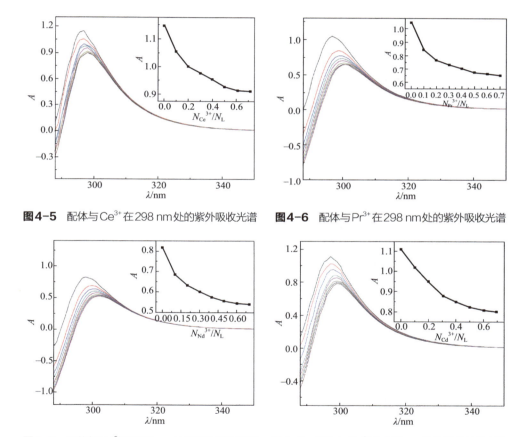

图4-5　配体与Ce³⁺在298 nm处的紫外吸收光谱　　**图4-6**　配体与Pr³⁺在298 nm处的紫外吸收光谱

图4-7　配体与Nd³⁺在298 nm处的紫外吸收光谱　　**图4-8**　配体与Gd³⁺在298 nm处的紫外吸收光谱

4.2.1.4　三唑类稀土配合物的热稳定性表征与分析

由于配合物是异质同晶体，所以以配合物 **15**、**16** 为代表，对其热分解行为进行研究。

（1）配合物 **15** 的热稳定性分析

配合物 **15** 的热分解过程如图 4-9 所示，该配合物有两次失重过程。配合物第一次失重从 200～330℃，失重率为 4.0%，与计算值 4.3% 基本吻合，相当于失去一个配位水分子。然后继续失重到 490℃ 时，这主要是配合物主体框架的分解。在 490℃ 之后，几乎不再有失重行为，残余率为 40.9%，推测最终产物为 Ce_2O_3，与计算值 39.9% 基本一致。可以推断出铈原子与配体配位，并结合元素分析与红外可以推测出配合物 **15** 可能的结构是 $[Ce(atzc)(Hatzc)(H_2O)]_n$。

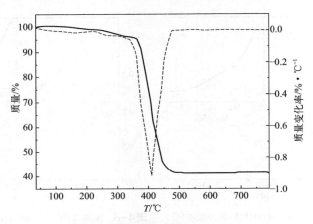

图4-9 配合物**15**的TG-DTG图

（2）配合物 **16** 的热稳定性分析

配合物 **16** 的热分解过程如图 4-10 所示，该配合物大致经历三次失重过程。

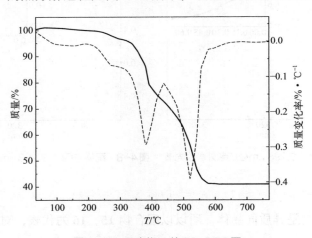

图4-10 配合物**16**的TG-DTG图

配合物第一次失重从 40 ～ 300℃，失重率为 4.4%，与计算值 4.3% 基本吻合，对应失去一个配位水分子。然后从 300 ～ 600℃经历两次失重，这主要是配合物主体框架的分解。在 600℃之后，几乎不再有失重行为，残余率为 40.8%，推测最终产物为 Pr_2O_3，与计算值 39.9% 基本一致。可以推断出错原子与配体配位，并结合元素分析与红外可以推测出配合物 **16** 可能的结构是 [Pr(atzc)(Hatzc)(H_2O)]_n。

4.2.1.5　三唑类稀土配合物的元素分析表征

稀土配合物的溶解性与过渡金属配合物的溶解性相似，不溶于水、甲醇、乙醇，微溶于二甲基亚砜（DMSO）等溶液。通过 Vario EL cube 型元素分析仪对配合物中 C、H、N 的元素含量进行测定。表 4-3 为配合物 **15** ～ **18** 的元素分析，其结果与计算值基本一致，并且与热重、紫外分析结果基本吻合，说明稀土离子参与配位，产物为目标配合物。

表4-3　配合物 **15** ～ **18** 的元素分析

配合物	实测值（计算值）/%		
	C	N	H
Ce(atzc)(Hatzc)(H_2O) (**15**)	18.05 (17.69)	26.35 (27.52)	0.81 (0.74)
Pr(atzc)(Hatzc)(H_2O) (**16**)	17.51 (17.66)	27.01 (27.47)	0.79 (0.74)
Nd(atzc)(Hatzc)(H_2O) (**17**)	17.85 (17.52)	26.98 (27.25)	0.77 (0.74)
Gd(atzc)(Hatzc)(H_2O) (**18**)	16.73 (16.98)	27.05 (26.41)	0.75 (0.71)

4.2.1.6　三唑类稀土配合物的结构分析

通过红外、紫外、热重及元素分析等表征推断出稀土配合物可能的结构：稀土离子与配体的配位比为 1：2，两个配体中有一个三唑环脱质子，N1、N4 原子采用双齿配位，另一个三唑环中 N4 原子采用单齿配位，羧基采用双齿配位，并且含有一个配位水分子。因此稀土配合物的组成为 [Re(atzc)(Hatzc)(H_2O)]_n（Re=Ce^{3+}, Pr^{3+}, Nd^{3+}, Gd^{3+}）。

图 4-11 所示为稀土配合物可能的配位结构，一个 Re^{3+} 连接四个配体，而一个配体又与两个 Re^{3+} 相连，所以配体的空间占有率是 50%。因此，配合物结构中包括一个稀土离子，两个配体分子与一个配位水分子。稀土离子采用八配位，其中三个氮原子分别来自三个配体，五个氧原子中的

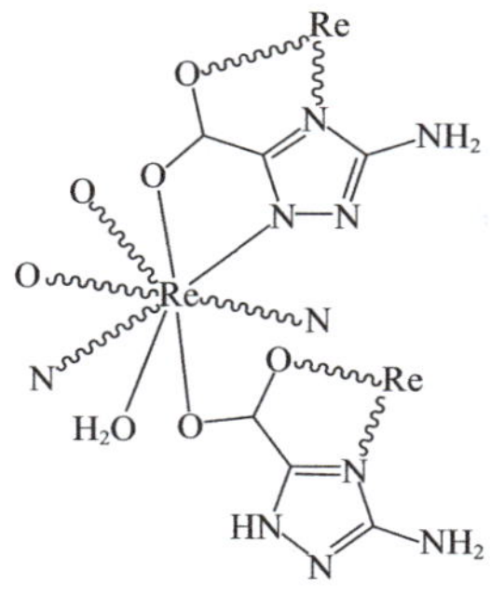

图4-11　三唑类稀土配合物的结构

四个氧原子分别来自四个配体，一个氧原子来自配位水分子。配体中三唑环上的氮原子采用单齿桥联与双齿桥联两种配位模式，它们都与羧基上的氧原子进行螯合配位，而羧基脱质子采用双齿桥联的配位模式连接着两个相邻的稀土离子。

4.2.2 四唑类稀土配合物的制备及表征

4.2.2.1 四唑类稀土配合物的制备

（1）配合物 La(Htza)$_3$(H$_2$O)·4H$_2$O (**19**) 的制备

将 H$_2$tza（12.4mg，0.1mmol）溶于 5mL 水中，将 LaCl$_3$·7H$_2$O（18.6mg，0.05mmol）溶于 5mL 乙醇中，待两者完全溶解后，混合，滴加 NaOH（0.5mol·L^{-1}）至 pH=6，搅拌 30min 后进行过滤，静置一周后出现无色块状晶体。产率：51.2%（基于 LaCl$_3$·7H$_2$O）。元素分析理论值：C，12.9%；N，20.0%；H，3.1%；实验值：C，13.2%；N，21.1%；H，3.3%。IR（cm^{-1}，KBr）：3395s，1523s，1502s，1498w，1460w，1427s，1308s，1250m，897w，750w，735m，664m。

（2）配合物 Ce(Htza)$_3$(H$_2$O)·3H$_2$O(**20**) 的制备

将 H$_2$tza（6.2mg，0.05mmol）溶于 5mL 水中，将 Ce(NO$_3$)$_3$（21.7mg，0.05mmol）溶于 5mL 乙醇中，待两者完全溶解后混合在一起，滴加 NaOH（0.5mol·L^{-1}）至 pH=6，利用磁力搅拌器搅拌 30min 后进行过滤、封口，扎孔，静置一周后出现无色块状晶体。产率: 55.3%［基于 Ce(NO$_3$)$_3$］。元素分析理论值：C，13.2%；N，20.5%；H，2.9%；实验值：C，13.8%；N，21.2%；H，2.7%。IR（cm^{-1}，KBr）：3455s，1513s，1497s，1488w，1457w，1421s，1298s，1252m，889w，745w，731m，659m。

（3）配合物 Nd(Htza)$_3$(H$_2$O)·4H$_2$O (**21**) 的制备

将 H$_2$tza（6.2mg，0.05mmol）溶于 5mL 水中，将 Nd(NO$_3$)$_3$·6H$_2$O（21.9mg，0.05mmol）溶于 5mL 乙醇中，待两者完全溶解后混合在一起，滴加 NaOH（0.5mol·L^{-1}）至 pH=6，利用磁力搅拌器搅拌 30min 后进行过滤、封口，扎孔，静置一周后出现淡紫色块状晶体。产率: 54.5%［基于 Nd(NO$_3$)$_3$·6H$_2$O］。元素分析理论值：C，12.8%；N，19.8%；H，3.1%；实验值：C，13.5%；N，21.2%；H，2.9%。IR（cm^{-1}，KBr）：3453s，1515s，1512s，1493w，1462w，1417s，1301s，1252m，891w，753w，731m，660m。

4.2.2.2 四唑类稀土配合物的晶体结构测定与分析

四唑类稀土配合物的晶体学数据、键长和键角及氢键等相关参数列于表4-4～表4-7。

表4-4　配合物19 ~ 21晶体学数据表

项目	配合物 19	配合物 20	配合物 21
分子式	$C_9H_{26}La_2N_{12}O_{16}$	$C_9H_{24}Ce_2N_{12}O_{15}$	$C_9H_{26}Nd_2N_{12}O_{16}$
分子量	836.24	820.64	846.90
CCDC	2182951	2182955	2191940
晶系	三斜晶系	三斜晶系	三斜晶系
空间群	$P\bar{1}$	$P\bar{1}$	$P\bar{1}$
a/nm	0.95830(9)	0.9564(3)	0.95661(7)
b/nm	1.04158(8)	1.0340(3)	1.03411(7)
c/nm	1.43701(10)	1.4334(4)	1.42085(10)
α/(°)	69.523(7)	68.990(7)	69.835(6)
β/(°)	74.215(7)	74.585(8)	73.983(6)
γ/(°)	85.184(7)	85.076(8)	85.609(5)
V/nm^3	1.2929(2)	1.2756(6)	1267.84(17)
Z	2	2	2
d_c/g·cm^{-3}	2.148	2.137	2.218
F (000)	812	796	824
R_1, wR_2 [$I > 2\sigma(I)$]	$R_1 = 0.0819, wR_2 = 0.2195$	$R_1 = 0.0515, wR_2 = 0.1363$	$R_1 = 0.0893, wR_2 = 0.2318$
R_1, wR_2（所有数据）	$R_1 = 0.0864, wR_2 = 0.2284$	$R_1 = 0.0547, wR_2 = 0.1400$	$R_1 = 0.0942, wR_2 = 0.2412$

表4-5　配合物19 ~ 21的主要键长数据

键	键长 /Å	键	键长 /Å
配合物 19			
La2-O1	0.2522(7)	La2-O8[1]	0.2566(6)
La2-O8	0.2522(6)	La2-O10[1]	0.2687(6)
La2-N4	0.2668(8)	La2-O16	0.2524(7)
La2-O9	0.2526(7)	La2-O11	0.2506(6)
La2-C7[1]	0.3018(9)	La2-N11	0.2659(7)
La1-N1[2]	0.2689(8)	La1-O4	0.2556(7)
La1-O6	0.2626(7)	La1-O12	0.2504(8)
La1-O14[2]	0.2593(6)	La1-O14	0.2690(6)
La1-O16	0.2710(7)	La-O2	0.2575(7)
La1-O9	0.2625(6)	La1-O5	0.2560(7)
La1-C8	0.3007(9)	La1-C5	0.3090(9)
配合物 20			
Ce1-C11	0.3079(6)	Ce1-N4	0.2661(5)
Ce1-O1[1]	0.2696(4)	Ce1-O5	0.2576(5)
Ce1-O2[1]	0.2666(4)	Ce1-O9	0.2540(5)
Ce1-O2	0.2597(4)	Ce1-O10	0.2585(5)
Ce1-O3	0.2552(5)	Ce1-O11	0.2635(4)
Ce1-O4	0.2475(5)	Ce2-O14	0.2513(4)
Ce1-C4	0.2995(6)	Ce2-O15[2]	0.2661(4)

续表

键	键长 /Å	键	键长 /Å
Ce2-N8	0.2607(5)	Ce2-O14[2]	0.2548(4)
Ce2-N10	0.2637(5)	Ce1-O11	0.2632(4)
Ce2-O11	0.2501(4)	Ce2-O14[2]	2.549(4)
Ce2-O12	0.2483(4)	Ce2-C7[2]	0.2993(6)
Ce2-N13	0.2524(5)	Ce2-O13	2.527(5)
配合物 21			
Nd2-O1	0.2479(8)	Nd1-O4[2]	0.2568(7)
Nd2-O6	0.2480(8)	Nd1-O4	0.2628(7)
Nd2-O12[1]	0.2490(7)	Nd1-O6	0.2.650(7)
Nd2-O12	0.2499(7)	Nd1-O8	0.2522(8)
Nd2-N1	0.2627(9)	Nd1-O10	0.2507(8)
Nd2-O2[1]	0.2653(8)	Nd1-O14	0.2445(8)
Nd2-O5	0.2481(9)	Nd1-O16	0.2491(8)
Nd2-N8	0.2585(9)	Nd1- O9	0.2573(9)
Nd2-O11	0.2442(7)	Nd1-N7[2]	0.2627(10)
Nd2-C9[1]	0.2962(11)	Nd1-C4	0.3025(10)
Nd1-O1	0.2596(8)	Nd1-C6	0.2970(12)

注：1. 配合物 **19** 对称代码：[1]1−*x*, 1−*y*, 1−*z*；[2]2−*x*, 1−*y*,−*z*。

2. 配合物 **20** 对称代码：[1]2−*x*,1−*y*,1−*z*；[2]1−*x*,1−*y*,2−*z*。

3. 配合物 **21** 对称代码：[1]1−*x*, 1−*y*, 1−*z*；[2]2−*x*, 1−*y*, 2−*z*。

表4-6　配合物 19 ～ 21 的键角数据

键	键角 /(°)	键	键角 /(°)
配合物 19			
O1-La2- O8	109.0(2)	O8[1]-La2-C7[1]	25.3(2)
O1-La2-O8[1]	73.9(2)	O8-La2-N11	65.2(2)
O1-La2- O10[1]	70.8(2)	O8[1]-La2-N11	125.6(2)
O1-La2-N4	69.9(2)	O10[1]-La2-C7[1]	24.1(2)
O1-La2-O16	109.6(3)	N4-La2-O10[1]	137.1(2)
O1-La2-O9	79.9(2)	N4-La2-C7[1]	121.3(2)
O1-La2-C7[1]	69.3(3)	O16-La2-O8[1]	126.2(2)
O1-La2-N11	139.3(3)	O16-La2-O10[1]	80.1(2)
O8-La2-O8[1]	62.6(2)	O16-La2-N4	129.5(2)
O8[1]-La2-O10[1]	49.29(19)	O16-La2-O9	66.0(2)
O8-La2-O10[1]	109.3(2)	O2-La1-N1[2]	91.5(3)
O8[1]-La2-N4	102.8(2)	O2-La1-O6	70.5(3)
O8-La2-N4	68.8(2)	O2-La1-O14	74.6(2)
O8-La2-O16	141.3(2)	O2-La1-O14[2]	67.0(2)
O8-La2-O9	125.3(2)	O2-La1-O16	65.1(2)
O8-La2-C7[1]	86.9(2)	O2-La1-O9	83.6(2)

键	键角 /(°)	键	键角 /(°)
O2-La1-C8	77.0(2)	O12-La1-O14^2	132.3(2)
O2-La1-C5	68.7(2)	O12-La1-O16	122.0(2)
O9-La1-N1^2	115.2(2)	O12-La1-O9	72.5(2)
O9-La1-O6	49.5(2)	O12-La1-C8	69.8(2)
O9-La1-O14	109.7(2)	O14^2-La1-N1^2	67.3(2)
O9-La1-O16	62.0(2)	O14^2-La1-O14	64.0(2)
O9-La1-C8	24.8(2)	O14^2-La1-O16	103.3(2)
O9-La1-C5	85.7(2)	O14^2-La1-C8	136.7(2)
O5-La1-N1^2	140.1(3)	O14-La1-C5	24.1(2)
O5-La1-O6	117.5(3)	O16-La1-C8	81.3(2)
O5-La1-O14^2	126.5(2)	O9-La2-O8^1	153.6(2)
O5-La1-O14	72.0(2)	O9-La2-N4	64.3(2)
O5-La1-O16	63.1(2)	O9-La2-N11	73.9(2)
O5-La1-O2	128.2(2)	O11-La2-O8^1	74.0(2)
O5-La1-O9	72.0(2)	O11-La2-O10^1	73.7(2)
O5-La1-C8	94.4(3)	O11-La2-O16	75.3(2)
O5-La1-C5	64.6(3)	O11-La2-C7^1	73.3(2)
C8-La1-C5	105.0(2)	N11-La2-O10^1	149.9(2)
O16-La1-C5	23.9(2)	N11-La2-C7^1	144.1(2)
O16-La2-C7^1	103.2(2)	N1^2-La1-O16	156.5(2)
O16-La2-N11	87.6(2)	N1^2-La1-C5	150.1(3)
O9-La2-O10^1	123.9(2)	O4-La1-O6	136.8(2)
O9-La2-C7^1	141.8(2)	O4-La1-O14	81.7(2)
O11-La2-O1	142.5(2)	O4-La1-O2	136.0(2)
O11-La2-O8	72.0(2)	O4-La1-O5	75.9(3)
O11-La2-N4	136.7(2)	O4-La1-C5	101.7(2)
O11-La2-O9	131.6(2)	O6-La1-O14	140.8(2)
O11-La2-N11	76.6(2)	O6-La1-C8	24.7(2)
N11-La2-N4	70.8(2)	O12-La1-N1^2	75.1(3)
N1^2-La1-O14	131.0(2)	O12-La1-O6	73.1(3)
N1^2-La1-C8	91.3(2)	O12-La1-O14	139.0(2)
O4-La1-N1^2	76.6(3)	O12-La1-O2	143.6(2)
O4-La1-O14^2	69.3(2)	O12-La1-O5	70.1(3)
O4-La1-O16	121.6(2)	O12-La1-C5	133.9(3)
O4-La1-O9	139.9(2)	O14^2-La1-O6	115.7(2)
O4-La1-C8	144.1(3)	O14-La1-O16	48.02(19)
O6-La1-N1^2	68.0(2)	O14^2-La1-O9	150.61(19)
O6-La1-O16	99.7(2)	O14-La1-C8	128.6(2)
O6-La1-C5	121.4(3)	O14^2-La1-C5	83.9(2)
O12-La1-O4	74.4(3)		

续表

键	键角 /(°)	键	键角 /(°)
配合物 20			
O1^1-Ce1-C1	23.94(14)	N4-Ce1-C4	91.84(16)
O1^1-Ce1-C4	80.86(14)	O5-Ce1-C1^1	66.01(18)
O2^1-Ce1-C1^1	24.02(14)	O5-Ce1-O1^1	64.60(18)
O2-Ce1-C1^1	83.45(14)	O5-Ce1-O2	123.13(16)
N8-Ce2-N10	71.75(18)	O11-Ce2-O1^1	64.91(14)
N8-Ce2-O15^2	151.11(17)	O11-Ce2-C7^2	139.59(15)
N10-Ce2-C7^2	118.71(16)	O11-Ce2-N8	75.25(16)
N10-Ce2-O15^2	134.91(15)	O11-Ce2-N10	65.07(14)
O2-Ce1-O1^1	103.76(13)	O11-Ce2-O13	73.65(17)
O2^1-Ce1-O1^1	47.96(12)	O11-Ce2-O14	127.34(14)
O2-Ce1-O2^1	63.13(14)	O11-Ce2-O14^2	150.36(15)
O2-Ce1-C4	138.46(16)	O11-Ce2-O15^2	122.21(14)
O2^1-Ce1-C4	127.98(14)	O12-Ce2-O1^1	76.39(16)
O2-Ce1-N4	67.29(15)	O12-Ce2-C7^2	75.96(16)
O2-Ce1-O11	151.09(14)	O12-Ce2-N8	76.17(17)
O3-Ce1-C1^1	101.17(17)	O12-Ce2-N10	137.74(17)
O3-Ce1-O1^1	120.37(17)	O12-Ce2-O11	130.98(15)
O3-Ce1-O2	68.30(17)	O12-Ce2-O13	144.00(17)
O3-Ce1-O2^1	81.50(15)	O12-Ce2-O14	72.25(16)
O3-Ce1-C4	144.51(18)	O12-Ce2-O14^2	77.61(15)
O3-Ce1-N4	77.94(19)	O12-Ce2-O15^2	75.23(16)
O3-Ce1-O5	72.1(2)	O13-Ce2-C7^2	70.40(17)
O3-Ce1-O10	136.98(19)	O13-Ce2-N8	139.84(17)
O3-Ce1-O11	140.05(17)	O13-Ce2-N10	72.42(18)
O4-Ce1-C1^1	133.48(19)	O13-Ce2-O14^2	77.39(17)
O4-Ce1-O1^1	121.31(16)	O13-Ce2-O15^2	68.86(16)
O4-Ce1-O2	131.47(15)	O14-Ce2-C7^2	85.98(14)
O4-Ce1-O2^1	138.48(19)	O14^2-Ce2-C7^2	25.13(14)
O4-Ce1-O3	73.66(18)	O14-Ce2-N8	65.76(14)
O4-Ce1-C4	70.90(18)	O14^2-Ce2-N8	126.59(15)
O4-Ce1-N4	76.34(19)	O14-Ce2-N10	69.88(15)
O4-Ce1-O5	68.8(2)	O14^2-Ce2-N10	100.26(14)
O4-Ce1-O9	144.26(19)	O14-Ce2-O13	116.81(19)
O4-Ce1-O10	72.9(2)	O14-Ce2-O14^2	62.20(16)
O4-Ce1-O11	74.31(15)	O14^2-Ce2-O15^2	49.54(13)
C4-Ce1-C1^1	104.47(16)	O14-Ce2-O15^2	108.57(13)
N4-Ce1-C1^1	149.02(16)	O15^2-Ce2-C7^2	24.45(14)
N4-Ce1-O1^1	156.32(18)	O9-Ce1-O1^1	66.44(15)
N4-Ce1-O2^1	130.33(14)	O9-Ce1-O2	68.12(14)

续表

键	键角 /(°)	键	键角 /(°)
O5-Ce1-O2^1	72.16(16)	O9-Ce1-O2^1	74.74(15)
O5-Ce1-C4	96.51(18)	O9-Ce1-O3	136.12(17)
O5-Ce1-N4	139.0(2)	O10-Ce1-O11	49.42(14)
O5-Ce1-O10	118.36(18)	O11-Ce1-C1^1	84.36(14)
O5-Ce1-O11	74.46(17)	O11-Ce1-O1^1	60.55(13)
O9-Ce1-C1^1	68.98(16)	O11-Ce1-O2^1	108.31(12)
O9-Ce1-C4	76.81(17)	O11-Ce1-C4	25.18(15)
O9-Ce1-N4	90.00(18)	O11-Ce1-N4	116.47(15)
O9-Ce1-O5	131.02(18)	O1^1-Ce2-C7^2	102.95(15)
O9-Ce1-O10	71.38(19)	O1^1-Ce2-N8	90.38(16)
O9-Ce1-O11	83.04(14)	O1^1-Ce2-N10	129.63(14)
O10-Ce1-C1^1	121.48(17)	O1^1-Ce2-O13	98.8(2)
O10-Ce1-O1^1	99.99(15)	O1^1-Ce2-O14	144.15(15)
O10-Ce1-O2	118.49(15)	O1^1-Ce2-O14^2	126.76(14)
O10-Ce1-O2^1	141.11(17)	O1^1-Ce2-O15^2	79.11(14)
O10-Ce1-C4	24.28(16)	N8-Ce2-C7^2	145.12(16)
O10-Ce1-N4	68.51(16)		
配合物 21			
O1-Nd2-O6	64.7(3)	O14-Nd1-N7^2	74.4(3)
O1-Nd2-O12	128.0(2)	O14-Nd1-C4	133.9(3)
O1-Nd2-O12^1	151.8(3)	O14-Nd1-C6	69.9(3)
O1-Nd2-N1	65.2(3)	O16-Nd1-O1	140.8(3)
O1-Nd2-O2^1	121.0(2)	O16-Nd1-O4	81.0(2)
O1-Nd2-O5	76.6(3)	O16-Nd1-O4^2	68.0(3)
O1-Nd2-N8	74.8(3)	O16-Nd1-O6	122.3(3)
O1-Nd2-C9^1	139.6(3)	O16-Nd1-O8	135.0(3)
O6-Nd2-O12^1	126.0(2)	O16-Nd1-O10	74.0(3)
O6-Nd2-O12	143.3(3)	O16-Nd1-O9	136.7(3)
O6-Nd2-N1	129.3(3)	O16-Nd1-N7^2	75.9(3)
O6-Nd2-O2^1	78.7(2)	O16-Nd1-C4	101.6(3)
O6-Nd2-O5	104.3(3)	O16-Nd1-C6	144.8(3)
O6-Nd2-N8	88.8(3)	O9-Nd1-O1	50.1(3)
O6-Nd2-C9^1	102.5(3)	O9-Nd1-O4	141.4(3)
O12^1-Nd2-O12	62.0(3)	O9-Nd1-O6	99.3(3)
O12-Nd2-N1	69.9(3)	O9-Nd1-N7^2	67.9(3)

键	键角 /(°)	键	键角 /(°)
O12^1-Nd2-N1	102.3(3)	O9-Nd1-C4	121.5(3)
O12-Nd2-O2^1	109.3(2)	O9-Nd1-C6	24.6(3)
O12^1-Nd2-O2^1	49.9(2)	N7^2-Nd1-O4	131.4(3)
O12-Nd2-N8	66.8(3)	N7^2-Nd1-O6	157.1(3)
O12^1-Nd2-N8	127.0(3)	N7^2-Nd1-C4	150.7(3)
O12-Nd2-C9^1	86.0(3)	N7^2-Nd1-C6	91.0(3)
O12^1-Nd2-C9^1	25.2(3)	C6-Nd1-C4	105.1(3)
N1-Nd2-O2^1	136.3(3)	O8-Nd1-O6	65.3(3)
N1-Nd2-C9^1	120.6(3)	O8-Nd1-O9	70.7(3)
O2^1-Nd2-C9^1	24.8(3)	O8-Nd1-N7^2	92.1(3)
O5-Nd2-O12^1	75.3(3)	O8-Nd1-C4	68.7(3)
O5-Nd2-O12	112.1(3)	O8-Nd1-C6	77.0(3)
O5-Nd2-N1	71.1(3)	O10-Nd1-O1	74.1(3)
O5-Nd2-O2^1	69.4(3)	O10-Nd1-O4	71.4(2)
O5-Nd2-N8	139.4(3)	O10-Nd1-O4^2	124.1(3)
O5-Nd2-C9^1	69.6(3)	O10-Nd1-O6	64.8(3)
N8-Nd2-N1	71.0(3)	O10-Nd1-O8	130.1(3)
N8-Nd2-O2^1	151.1(3)	O10-Nd1-O9	119.6(3)
N8-Nd2-C9^1	145.4(3)	O10-Nd1-N7^2	137.8(3)
O11-Nd2-O1	130.6(3)	O10-Nd1-C4	65.4(3)
O11-Nd2-O6	75.4(3)	O10-Nd1-C6	96.8(3)
O11-Nd2-O12	72.5(3)	O14-Nd1-O1	72.9(3)
O11-Nd2-O12^1	76.2(2)	O14-Nd1-O4^2	132.2(2)
O11-Nd2-N1	137.5(3)	O14-Nd1-O4	138.6(3)
O11-Nd2-O2^1	75.1(3)	O14-Nd1-O6	121.4(3)
O11-Nd2-O5	143.7(3)	O14-Nd1-O8	143.7(3)
O11-Nd2-N8	76.6(3)	O14-Nd1-O10	69.8(3)
O11-Nd2-C9^1	75.0(3)	O14-Nd1-O16	75.0(3)
O1-Nd1-O4	109.4(2)	O14-Nd1-O9	73.0(3)
O1-Nd1-O6	60.7(2)	O4-Nd1-C6	129.1(3)
O1-Nd1-N7^2	115.5(3)	O6-Nd1-C4	24.7(3)
O1-Nd1-C4	85.1(3)	O6-Nd1-C6	80.7(3)
O1-Nd1-C6	25.5(3)	O8-Nd1-O1	83.7(2)
O4^2-Nd1-O1	150.9(2)	O8-Nd1-O4^2	67.3(2)
O4^2-Nd1-O4	63.6(3)	O8-Nd1-O4	75.1(2)

续表

键	键角 /(°)	键	键角 /(°)
O4²-Nd1-O6	103.9(2)	O4-Nd1-C4	24.4(3)
O4-Nd1-O6	49.1(2)	O4²-Nd1-C4	83.7(3)
O4²-Nd1-O9	116.3(2)	O4²-Nd1-C6	137.1(3)
O4²-Nd1-N7²	68.2(2)		

注：1. 配合物 **19** 对称代码：¹1−x, 1−y, 1−z; ²2−x, 1−y,−z。

2. 配合物 **20** 对称代码：²2−x,1−y,1−z; ¹1−x,1−y,2−z。

3. 配合物 **21** 对称代码：¹1−x, 1−y, 1−z; ²x, 1−y, 2−z。

表4-7　配合物 19 ~ 21 的氢键长度和角度

	D—H⋯A	d(D - H)/Å	d(H ⋯ A)/Å	d(D ⋯ A)/Å	∠ (DHA)/(°)
配合物 19	O1—H1A⋯N8¹	0.087	0.202	0.2795(12)	148.5
	O1—H1B⋯O7²	0.087	0.214	0.2848(13)	138.9
	O4—H4A⋯N12³	0.085	0.207	0.2850(12)	152.6
	O4—H4B⋯O2⁴	0.085	0.218	0.2871(11)	138.8
	O12—H12A⋯N5¹	0.085	0.192	0.2765(11)	174.7
	O12—H12B⋯N2³	0.085	0.200	0.2838(12)	166.8
	O2—H2A⋯N9⁵	0.086	0.195	0.2756(11)	157.4
	O2—H2B⋯N3	0.086	0.203	0.2882(11)	172.7
	O5—H5A⋯O15	0.086	0.195	0.2766(14)	158.4
	O5—H5B⋯N7⁶	0.086	0.200	0.2831(12)	163.6
	O11—H11A⋯O3	0.085	0.215	0.2740(11)	125.9
	O11—H11B⋯N6²	0.085	0..97	0.2779(11)	159.1
	O3—H3B⋯O13	0.085	0.198	0.2795(15)	159.1
配合物 20	O3—H3A⋯N2¹	0.087	0.209	0.2873(10)	148.7
	O3—H3B⋯O9²	0.087	0.214	0.2887(7)	143.9
	O4—H4⋯N1¹	0.87	0.199	0.2847(9)	167.4
	O5—H5A⋯N6³	0.115	0.173	0.2817(9)	154.9
	O9—H9A⋯N5⁴	0.111	0.165	0.2729(7)	161.6
	O9—H9B⋯N13	0.111	0.177	0.2857(7)	165.3
	O12—H12A⋯O16	0.087	0.189	0.2714(10)	158.6
	O12—H12B⋯N11⁵	0.087	0.195	0.2762(7)	155.6

137

续表

	D—H···A	d(D - H)/Å	d(H ··· A)/Å	d(D ··· A)/Å	∠ (DHA)/(°)
	O8—H8A···N2[1]	0.086	0.194	0.2741(13)	155.4
	O8—H8B···N6	0.086	0.197	0.2825(12)	175.9
	O10—H10A···O7	0.086	0.202	0.2783(15)	148.2
	O10—H10B···N12[2]	0.086	0.204	0.2860(13)	161.7
	O14—H14A···N9[3]	0.085	0.204	0.2797(13)	147.9
	O16—H16A···O8[4]	0.085	0.217	0.2818(11)	132.6
配合物 21	O16—H16B···N10[5]	0.085	0.201	0.2845(12)	165.5
	O5—H5A···N5[3]	0.086	0.203	0.2778(12)	145.1
	O5—H5B···O13	0.086	0.211	0.2854(17)	143.8
	O11—H11A···O3	0.086	0.189	0.2699(12)	157.6
	O11—H11B···N3[6]	0.085	0.190	0.2740(12)	168.0
	O3—H3A···O15	0.085	0.190	0.2750(17)	178.0
	O7—H7C···O7[7]	0.085	0.237	0.290(3)	121.1

注: 1. 配合物 **19** 对称代码: [1]$1-x,-y,1-z$; [2]$1-x,1-y,1-z$; [3]$+x,-1+y,+z$; [4]$2-x,1-y,-z$; [5]$1-x,1-y,-z$; [6]$1+x,+y,+z$.

2. 配合物 **20** 对称代码: [1]$2-x,-y,1-z$; [2]$2-x,1-y,1-z$; [3]$1+x,+y,+z$; [4]$1-x,1-y,1-z$; [5]$1-x,1-y,2-z$.

3. 配合物 **21** 对称代码: [1]$1-x,1-y,2-z$; [2]$-1+x,+y,+z$; [3]$1-x,2-y,1-z$; [4]$-x,1-y,2-z$; [5]$+x,1+y,+z$; [6]$1-x,1-y,1-z$; [7]$-x,2-y,1-z$.

四唑类稀土配合物 **19** ～ **21** 为异质同晶结构。以配合物 **19** 为例，其晶体结构如图 4-12 所示。La1(Ⅲ) 离子为十配位结构，其与三个 tza^{2-} 配体的羧基中的 N 原子（N1^2）和 O 原子（O6，O9，O16，O14 和 O14^2），以及 4 个配位水分子的四个氧原子（O2，O4，O5 和 O12）配位。而 La2(Ⅲ) 离子为九配位，与 N 原子（N4，N11）和五个 O 原子（O9，O10^1，O16，O8 和 O8^1），以及两个配位水分子中的两个 O 原子（O1，O11）配位。

配合物 **19** 中的配体 H$_2$tza 有两种配位模式（图 4-13）。两个相邻的 La(Ⅲ) 离子由 tza^{2-} 配体以 N，O 螯合及 O 桥式的方式连接，形成双核基序。同时，双核基序被两个 tza^{2-} 配体的两个羧基以 μ$_{1,1,3}$-COO 或 μ$_{1,1,3,3}$-COO 桥接方式桥接，形成 La-La 距离为 0.4347 ～ 0.4481nm 的一维链（图 4-14）。通过水分子与四唑基氮原子之间的六种氢键 [O1—H1A···N8^1，O4—H4A···N12^3，O12—H12A···N5^1，O12—H12B···N2^3，O2—H2A···N9^5 和 O5—H5B···N7^6] 相互作用将相邻的一维链连接在一起，形成三维网络（图 4-15）。

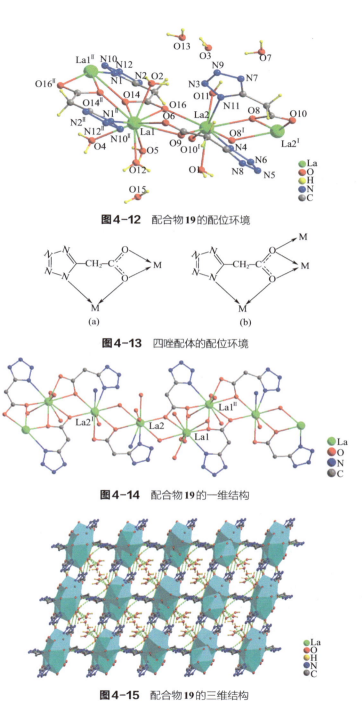

图 4-12 配合物 **19** 的配位环境

图 4-13 四唑配体的配位环境

图 4-14 配合物 **19** 的一维结构

图 4-15 配合物 **19** 的三维结构

4.2.2.3　四唑类稀土配合物的红外表征与分析

　　红外光谱（图 4-16）显示配合物 **19** ～ **21** 的特征峰出峰位置基本相同。配合物在 3450cm^{-1} 附近出现一个中等强度的宽吸收峰，是配合物中水分子—OH 的伸缩振动导致，说明配合物中存在水分子。1460cm^{-1} 和 1650cm^{-1} 附近出现了对称振动吸收 v_s(COO$^-$) 峰和反对称振动 v_{as}(COO$^-$) 峰，表明羧基中的氧原子与稀土金属离子进行了配位[7]。在 850 ～ 690cm^{-1} 区间内出现了较宽的吸收峰，属于 Re—O 和 Re—N 的伸缩振动，也进一步印证了稀土金属与含能配体进行了配位且均为异质同晶结构。

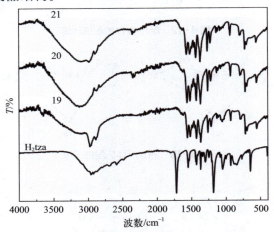

图4-16　配体和配合物 **19** ～ **21** 的红外光谱图

4.2.2.4　四唑类稀土配合物的热稳定性分析

　　热稳定性是含能材料的基本参数，它影响含能材料的应用条件和安全性。如图 4-17 所示，在高纯氮气条件下，升温速率为 10℃·min^{-1} 时，配合物 **19** 的 TG 曲线经历了三个明显的失重过程。配合物 **19** 从 42.4 ～ 125.9℃第一次失重 8.7%，对应失去四个游离水分子。第二次失重发生在 168.5 ～ 223.6℃，失重率为 13.1%，对应失去一个配位水分子。从 223.6 ～ 307.3℃是一个连续稳定阶段，说明在此过程中结构框架保持完整。307.3℃后发生第三次失重，表现为配合物 **19** 的主体框架发生坍塌，最终产物为残余质量 37.8% 的 La$_2$O$_3$。理论值为 39.0%。配合物 **20** 和配合物 **21** 的失重曲线与配合物 **19** 相似（图 4-18 及图 4-19）。最终产物为 Ce$_2$O$_3$（配合物 **20**）和 Nd$_2$O$_3$（配合物 **21**）。

　　DSC 曲线（图 4-20）显示配合物 **19** ～ **21** 有两个吸热过程和一个放热过程，与 TG 曲线的过程一致。230℃前的两个吸热峰代表了配合物中水分子的损失。

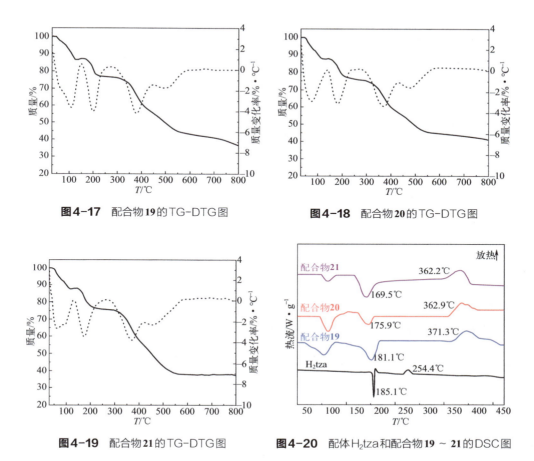

图4-17　配合物**19**的TG-DTG图　　　　图4-18　配合物**20**的TG-DTG图

图4-19　配合物**21**的TG-DTG图　　　　图4-20　配体H₂tza和配合物**19 ~ 21**的DSC图

与配体 H₂tza 相比，配合物 **19 ~ 21** 的放热峰温分别提高了 116.3℃、107.9℃ 和 107.2℃，表明配体与金属离子结合形成的配合物有利于增强结构稳定性。此外，三种配合物的放热分解峰温均超过 300℃，表明这些配合物具有作为燃烧催化剂的潜力[8]。

4.2.2.5　四唑类稀土配合物的元素分析表征

利用 Vario EL cube 型元素分析仪对配合物 **19 ~ 21** 中的 C、H、N 三种元素的含量进行实际测定，并与理论值进行了比较。由表 4-8 可知，配合物 **19 ~ 21** 的元素含量理论值与实际值十分接近，说明制备的配合物纯度很高，与单晶衍射结果吻合。

表4-8 配合物 **19** ～ **21**的元素分析

配合物	实验值（理论值）/%		
	C	H	N
19	13.2(12.9)	3.3(3.1)	21.1(20.0)
20	13.8(13.2)	2.7(2.9)	21.2(20.5)
21	13.5(12.8)	2.9(3.1)	21.2(19.8)

4.3
氮杂环稀土金属配合物的非等温动力学研究

4.3.1　四唑类稀土配合物的非等温动力学研究

对配合物的非等温动力学研究主要采用 Kissinger 方法[9]与 Ozawa-Doyle 方法[10]计算配合物的表观活化能 E_a 与指前因子 A。利用差示扫描量热仪，测得配合物在 $5℃ \cdot min^{-1}$、$10℃ \cdot min^{-1}$、$15℃ \cdot min^{-1}$、$20℃ \cdot min^{-1}$ 四个不同升温速率下的峰值温度。Kissinger 和 Ozawa-Doyle 方程见式（3-1）和式（3-2）。

表4-9　不同加热速率下的峰值温度和动力学参数

项目		H_2tza	配合物 19	配合物 20	配合物 21
峰温 T_p/℃	$5℃ \cdot min^{-1}$	238.96	359.41	355.80	352.43
	$10℃ \cdot min^{-1}$	254.41	371.32	362.94	362.20
	$15℃ \cdot min^{-1}$	261.52	376.50	367.72	365.96
	$20℃ \cdot min^{-1}$	265.21	381.44	372.71	368.51
Kissinger 方法	E_k/kJ·mol^{-1}	106.11	207.55	269.75	264.55
	lg A (s^{-1})	8.42	14.85	20.26	19.92
	r_k	0.9921	0.9979	0.9941	0.9906
Ozawa-Doyle 方法	E_o/kJ·mol^{-1}	109.20	207.53	266.59	261.58
	r_o	0.9932	0.9981	0.9946	0.9913
	E_a (E_k 和 E_o 平均值)/kJ·mol^{-1}	107.66	207.54	268.17	263.07

从表 4-9 可以看出，随着加热速率的增加，H_2tza 和配合物 **19** ～ **21** 的放热峰值也随之增加。通过计算 E_k 和 E_o 的平均值得到 H_2tza 和配合物 **19** ～ **21** 的 E_a 分别为 $107.66kJ \cdot mol^{-1}$、$207.54kJ \cdot mol^{-1}$、$268.17kJ \cdot mol^{-1}$ 和 $263.07kJ \cdot mol^{-1}$。与配体相比，配合物 **19** ～ **21** 的表观活化能较大，说明它们具有良好的稳定性，配合物的放热过程不容易进行，这可能与配合物复杂的三维复杂连接方式以及大量分子间氢键有关。因此，配合物 **19** ～ **21** 的 Arrhenius 方程分别为：

$$\ln k = 34.19 - \frac{207.54 \times 10^{-3}}{RT} \qquad (4\text{-}1)$$

$$\ln k = 46.65 - \frac{268.17 \times 10^{-3}}{RT} \qquad (4\text{-}2)$$

$$\ln k = 45.87 - \frac{263.07 \times 10^{-3}}{RT} \qquad (4\text{-}3)$$

4.3.2　四唑类稀土配合物的热力学研究

将 DSC 数据代入式（3-1），在表 4-10 中显示出 A 和 E_k 的计算结果。利用式（3-15）～式（3-18）计算配合物的主要热力学参数 T_{po}、$\Delta G^{\neq}$、$\Delta H^{\neq}$ 和 $\Delta S^{\neq}$ 的值，结果如表 4-10 及表 4-11 所示。

表4-10　配合物 19 ～ 21 在不同的加热速率下由 DSC 曲线确定的参数

配合物	$\beta/^{\circ}\mathrm{C}\cdot\min^{-1}$	$T_p/^{\circ}\mathrm{C}$	$E_k/\mathrm{kJ}\cdot\mathrm{mol}^{-1}$	A/s^{-1}
19	5	359.4	207.55	7.63×10^{14}
	10	371.3		
	15	376.5		
	20	381.4		
20	5	355.8	269.75	1.82×10^{20}
	10	362.9		
	15	367.7		
	20	372.7		
21	5	352.4	264.55	8.28×10^{19}
	10	362.2		
	15	366.0		
	20	368.5		

表4-11　配合物 19 ～ 21 的热力数参数

项目	$\mathrm{H_2tza}$	配合物 19	配合物 20	配合物 21
$T_{po}/^{\circ}\mathrm{C}$	207.9	334.4	343.9	332.3
$\Delta G^{\neq}/\mathrm{kJ}\cdot\mathrm{mol}^{-1}$	148.3	186.8	185.3	185.5
$\Delta H^{\neq}/\mathrm{kJ}\cdot\mathrm{mol}^{-1}$	102.0	202.5	264.6	259.5
$\Delta S^{\neq}/\mathrm{J}\cdot\mathrm{mol}^{-1}\cdot\mathrm{K}^{-1}$	-96.2	25.8	128.5	122.2

如表 4-11 所示，所有配合物的 $\Delta G^{\neq}$ 均为正值，说明配合物的放热分解反应不是自发进行的。此外，活化焓值遵循以下顺序：H_2tza< 配合物 **19**< 配合物 **21**< 配合物 **20**，这表明添加金属离子有助于提高配合物化学稳定性[11,12]。其中，三种配合物的反应焓均大于 $200kJ \cdot mol^{-1}$。特别是配合物 **20** 和配合物 **21**，有望成为 AP 热分解过程中的高能燃烧催化剂。

4.4

氮杂环稀土配合物催化高氯酸铵热分解性能研究

4.4.1　三唑类稀土配合物对 AP 热分解过程的催化作用

如图 4-21 所示，分别将稀土配合物加入 AP 之后，AP 的晶型转化峰基本没有变化，但是对放热过程有较大影响。AP 的高温放热峰分别从 420.2℃降低到 308.6℃、373.0℃、368.2℃、369.1℃，峰温明显提前，放热峰变窄，说明 AP 分解速度加快。其中，AP 与配合物 **16** 的 LTD 和 HTD 合并成一个峰，这主要是配合物的分解与 AP 的低温分解峰相互作用，使 AP 的低温阶段完全分解。但是，AP+ 配合物 **17**、AP+ 配合物 **18** 的放热量相对较小，可能是镧系金属氧化物对 AP 的催化效果较弱导致的。相比较而言，配合物 **16** 对 AP 的催化效果较好。

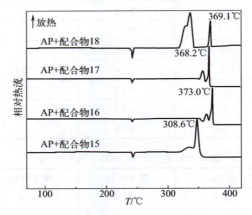

图4-21　AP 与 AP/三唑类稀土配合物混样的 DSC 曲线

同样，为了进一步分析系列配合物的催化活性，分别在 $5℃ \cdot min^{-1}$、$10℃ \cdot min^{-1}$、$15℃ \cdot min^{-1}$、$20℃ \cdot min^{-1}$ 升温速率下，结合 Kissinger 方程［式（3-1）］对稀土

配合物的催化活性进行研究（图 4-21）。如表 4-12 所示，计算得出 AP 的活化能为 214.56kJ·mol^{-1}。加入配合物之后，E_a 的值分别为 160.32 kJ·mol^{-1}、138.68 kJ·mol^{-1}、144.14 kJ·mol^{-1} 和 140.75 kJ·mol^{-1}，均小于纯 AP。较低的活化能有利于分解反应的发生，表明配合物对 AP 均起到一定的催化效果。

表4-12 AP 和配合物与 AP 的混样的热分解参数

项目	峰温 /℃				E_a/kJ·mol^{-1}	ln$A$ /s^{-1}
	5℃·min^{-1}	10℃·min^{-1}	15℃·min^{-1}	20℃·min^{-1}		
AP	410.6	420.2	428.5	435.2	214.56	32.42
AP+ 配合物 15	369.9	380.6	392.2	398.0	160.32	24.50
AP+ 配合物 16	358.6	373.0	385.0	389.9	138.68	20.76
AP+ 配合物 17	354.8	368.2	379.7	384.6	144.14	22.02
AP+ 配合物 18	359.5	369.1	378.8	391.0	140.75	21.25

4.4.2 四唑类稀土配合物对 AP 热分解过程的催化作用

将配合物 **19 ～ 21** 作为燃烧催化剂，探究添加配合物 **19 ～ 21** 后对 AP 热分解的催化作用，将 AP 与目标配合物按 3 : 1 的质量比混合制备目标样品。配合物 **19 ～ 21** 的 AP 混合物和纯 AP 在升温速率为 5℃·min^{-1}、10℃·min^{-1}、15℃·min^{-1}、20℃·min^{-1} 时的热分解 DSC 曲线如图 4-22（a）～（c）所示。纯 AP 在 242.7℃ 处的吸热峰归因于相变。两个放热峰（312.6℃ 和 420.4℃）分别对应于低温分解（LTD 过程）和高温分解（HTD 过程）。当加热速率为 10℃·min^{-1} 时，加入配合物 **19 ～ 21** 后 AP 的吸热峰位置几乎没有变化，说明这些配合物的加入不会影响 AP 的晶体转化过程，但在放热过程中，峰温发生了明显的变化。AP+ 配合物 **19**（373.6℃）、AP+ 配合物 **20**（360.6℃）和 AP+ 配合物 **21**（363.9℃）的 HTD 峰比纯 AP（420.4℃）分别降低了 46.8℃、59.8℃ 和 56.5℃，放热分解峰的温度范围比纯 AP 窄，表明四唑类稀土配合物对 AP 分解有显著的催化加速作用。

图 4-22（d）的 TG 曲线显示了纯 AP 和 AP 与配合物 **19 ～ 21** 的混样热分解过程的失重阶段。与纯 AP 相比，加入配合物的体系第二步失重温度明显提高，说明配合物发挥了催化作用，样品失重过程的曲线很陡，说明 LTD 和 HTD 同时发生。此外，DSC 曲线中分解的峰值范围比纯 AP 的峰值范围窄，也

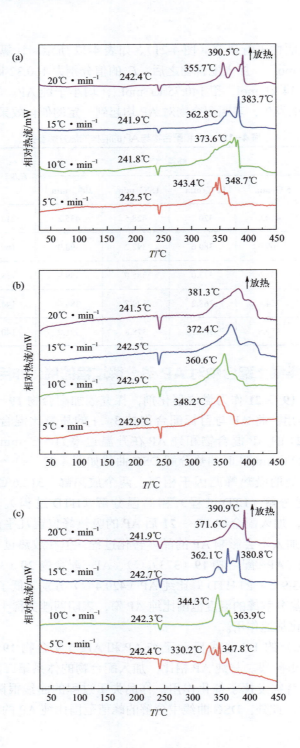

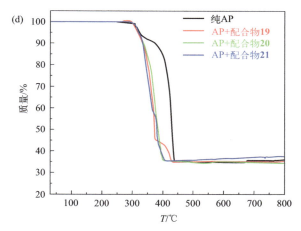

图4-22　（a）～（c）AP和四唑类稀土配合物**19** ～ **21**与AP混合物的DSC曲线；（d）在加热速率为
10℃·min^{-1}时，纯AP和四唑类稀土配合物**19** ～ **21**的AP混合物的TG曲线

印证了四唑类稀土配合物对 AP 分解具有显著的催化作用。

　　为了进一步分析系列配合物 **19** ～ **21** 的催化活性，分别在 5℃·min^{-1}、10℃·min^{-1}、15℃·min^{-1}、20℃·min^{-1} 升温速率下，结合 Kissinger 方程［如式（3-1）所示］对配合物 **19** ～ **21** 的催化活性进行研究（图 4-23）。图 4-23 显示了用 Kissinger 方法得到的纯 AP 和配合物 **19** ～ **21** 的 AP 混合物的 ln(β/T_p^2) 与 1000/T_p 的关系。研究表明，这些配合物的热分解遵循一级动力学规律[13]。配合物 **19** ～ **21** 的 E_a 和 ln$A$ 的值如表 4-13 所示。

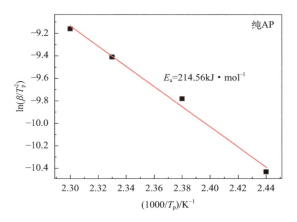

图4-23

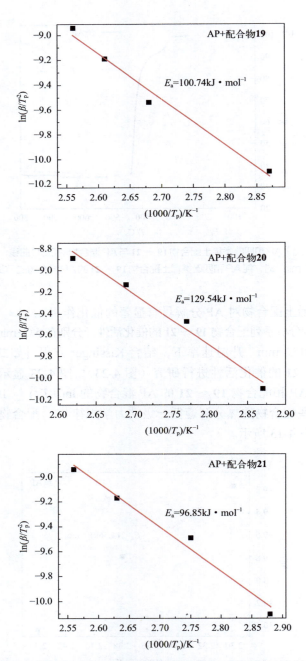

图4-23 纯AP的$\ln(\beta/T_p^2)$与1000/T_p的关系，配合物比例为25%（质量分数）的AP混合物**19 ~ 21**
（散点为实验数据，线为拟合结果）

表4-13　AP 和四唑类稀土配合物 **19 ～ 21** 的 AP 混合物的热分解动力学参数

项目	E_a/kJ·mol^{-1}	ln$A$/s^{-1}	r_k
AP	214.56	35.32	0.9928
AP+ 配合物 **19**	100.74	13.49	0.9912
AP+ 配合物 **20**	129.54	19.46	0.9909
AP+ 配合物 **21**	96.85	12.85	0.9908

如表 4-13 所示，纯 AP、AP+ 配合物 **19**、AP+ 配合物 **20** 和 AP+ 配合物 **21** 的 HTD 阶段的 E_a 值分别为 214.56kJ·mol^{-1}、100.74kJ·mol^{-1}、129.54kJ·mol^{-1} 和 96.85kJ·mol^{-1}。造成这一结果的主要原因可能是配合物 **21** 的有效核电荷数更大，能够提供更多的电子转移，提高电子转移能力，从而实现更好的催化作用。同时，加热过程中产生的金属氧化物增加了与 AP 颗粒的界面接触面积，进一步促进了铵离子与高氯酸盐离子之间的电子转移，从而达到较低的活化能垒[14]。而配合物 **20** 的多个氧化铈相 CeO$_{2-x}$ 在加热过程中影响其电子转移，导致活化能的降低最小[15,16]。

4.5
小结

① 利用 3- 氨基 -1,2,4- 三唑 -5 羧酸（H$_2$atzc）和 1H- 四唑 -5- 乙酸（H$_2$tza）与稀土金属盐通过溶液挥发法合成了含能配合物 **15 ～ 21**，七种配合物的晶体结构均利用 X 射线单晶衍射、红外光谱和元素分析光谱进行结构表征。

② 在对 **15 ～ 21** 七种配合物进行非等温动力学分析时，采用 Kissinger 方法和 Ozawa-Doyle 方法计算配合物的表观活化能，并利用 Arrhenius 公式得到配合物的反应速率常数 k。

③ 热力学分析后发现配合物 **19 ～ 21** 的活化自由能计算值分别为 186.8kJ·mol^{-1}、185.3kJ·mol^{-1} 和 185.5kJ·mol^{-1}。所有配合物的均为正，说明配合物的放热分解反应必须在加热条件下进行。其中，配合物 **20** 和 **21** 的反应焓均远大于 200kJ·mol^{-1}，有望成为固体推进剂分解的高能催化剂。

④ 利用 DSC 方法和 Kissinger 方法比较七种配合物对 AP 热分解过程的影响，配合物 **15 ～ 21** 均能起到良好的催化作用。

参考文献

[1] 高学智 . 四唑类含能配合物的制备及其性能研究 [D]. 银川 : 宁夏大学 , 2023.

[2] 张引莉. 三／四唑类含能化合物的制备、结构及性质研究 [D]. 西安：西北大学, 2018.

[3] 乔成芳. 苯二四唑类含能化合物的合成、结构及其对高氯酸铵的热分解催化作用 [D]. 西安：西北大学, 2011.

[4] 宗智慧，周飞亚，沈婧祎，等. 三个稀土配合物的制备、晶体结构及热分解性质 [J]. 绥化学院学报, 2023, 43(08): 153-157.

[5] Sangeetha Selvan K, Sriman Narayanan S. Synthesis, structural characterization and electrochemical studies switching of MWCNT/novel tetradentate ligand forming metal complexes on PIGE modified electrode by using SWASV[J]. Materials science & engineering. C, Materials for biological applications, 2019, 98: 657-665.

[6] 杨雅雅，杨舒茗，李明明，等. pH 电位滴定法测定 Zr(Ⅳ)- 羟基脲配合物表观稳定常数 [J]. 核化学与放射化学, 2022, 44 (2): 214-220.

[7] 宋欢. 三氟甲基噻唑羧酸配合物的构筑及其与 BSA/DNA 的作用机理研究 [D]. 银川：宁夏大学, 2022.

[8] Hao W, Huang T, Jin B, et al. Rare-earth, nitrogen-rich, oxygen heterocyclic supramolecular compounds (Nd, Sm, and Eu): Synthesis, structure, and catalysis for ammonium perchlorate[J]. Journal of Rare Earths, 2022, 40(3): 428-433.

[9] Gao W, Liu X, Su Z, et al. High-energy-density materials with remarkable thermostability and insensitivity: syntheses, structures and physicochemical properties of Pb(Ⅱ) compounds with 3-(tetrazol-5-yl) triazole[J]. Journal of Materials Chemistry A, 2014, 2(30): 11958-11965.

[10] Zhai L, Bi F, Zhang J, et al. 3,4-Bis(3-tetrazolylfuroxan-4-yl)furoxan: A linear C-C bonded pentaheterocyclic energetic material with high heat of formation and superior performance[J]. ACS Omega, 2020, 5(19): 11115-11122.

[11] Wang P C, Xie Q, Xu Y G, et al. A kinetic investigation of thermal decomposition of 1,1′-dihydroxy-5,5′-bitetrazole-based metal salts[J]. Journal of Thermal Analysis and Calorimetry, 2017, 130(2): 1213-1220.

[12] Feng Q Z, Hong X G, Yang L, et al. Constant-volume combustion energy of the lead salts of 2HDNPPb and 4HDNPPb and their effect on combustion characteristics of RDX-CMDB propellant[J]. Journal of thermal analysis and calorimetry, 2006, 85(3): 791-794.

[13] Ganduglia-Pirovano M V, Hofmann A, Sauer J. Oxygen vacancies in transition metal and rare earth oxides: Current state of understanding and remaining challenges[J]. Surface Science Reports, 2007, 62(6): 219-270.

[14] Furuichi R, Ishii T, Kobayashi K J J O T A. Phenomenological study of the catalytic thermal decomposition of potassium perchlorate by iron (Ⅱ) oxides with different preparing histories[J]. Journal of thermal analysis, 1974, 6: 305-320.

[15] Ganduglia-Pirovano M V, Hofmann A, Sauer J J S S R. Oxygen vacancies in transition metal and rare earth oxides: Current state of understanding and remaining challenges[J]. Surface Science Reports, 2007, 62(6): 219-270.

[16] Karakoti A, Monteiro-Riviere N, Aggarwal R, et al. Nanoceria as antioxidant: synthesis and biomedical applications[J]. Biological Materials Science, 2008, 60: 33-37.

第 5 章

总结

本书以氮杂环类含能燃烧催化剂的构筑与性能为题，探究了过渡、稀土金属离子与 3- 氨基吡唑 -4- 羧酸（H_2apza）、3- 氨基 -1,2,4- 三唑 -5- 羧酸（H_2atzc）和 1H- 四唑 -5- 乙酸（H_2tza）等氮杂环含能配体协同自组装构筑的系列含能配合物，采用 X 射线单晶衍射、红外光谱、紫外光谱、热重分析、元素分析等手段对配合物进行了结构表征。

利用 DFT 的 B3LYP/6-311++G 基组和 HF/6-311++G 基组优化配体结构可知，3- 氨基吡唑 -4- 羧酸（H_2apza）、3- 氨基 -1,2,4- 三唑 -5- 羧酸（H_2atzc）和 1H- 四唑 -5- 乙酸（H_2tza）三类配体具有较多的活性位点，存在多种配位模式，与金属离子配位时可以形成不同的晶体结构，从而增强配合物的结构多样性。

基于三类能量配体与金属中心通过溶液挥发法、溶剂扩散法和水热 / 溶剂热法构筑了 21 种结构多样且新颖的含能配合物。X 射线单晶衍射揭示了以金属离子为中心，利用配体的不同配位模式（单齿配位、双齿配位和螯合配位等）及分子内、分子间的氢键构建的零维、一维、二维和三维框架结构。

热稳定性分析结果表明: 21 种金属配合物具有良好的热稳定性，它们主体框架的热分解温度可高达 450℃，远胜于传统含能材料（RDX、TNT 和 HMX 等）。

采用 Kissinger 方法和 Ozawa-Doyle 方法计算配合物的表观活化能，并利用 Arrhenius 公式得到配合物的反应速率常数 k。热力学分析后发现 21 种配合物的吉布斯自由能均为正数，说明 21 种含能配合物在发生热分解时均需要吸收热量。

通过密度泛函理论 (DFT) 计算配合物 **1** ～ **21** 的爆炸能量 ΔE_{DFT}，利用线性相关方程计算爆炸热 ΔH_{det} 发现，21 种配合物的爆炸热均高于 1.730 kcal·g^{-1}。例如配合物 **10** 的爆炸热为 7.433 kcal·g^{-1}。利用 Kamlet-Jacobs 方程估算含能配合物的爆速 (D) 和爆压 (P)，分别为 11.236 km·s^{-1} 和 62.706 GPa，这很大程度归因于其具有高的爆炸热和密度。利用 BAW 法测试表明 21 种配合物均表现出撞击感度 (IS > 40 J) 和摩擦感度 (FS > 360N) 不敏感，有利于实现能量与安全性的统一。与 TNT、RDX、HMX 等传统含能材料相比，21 种配合物均具有良好的爆轰性能。

利用 TG 方法和 Kissinger 方法比较配合物 **1** ～ **21** 对 AP 热分解过程的影响。通过对比不同升温速率下配合物与 AP 组成的二元混合体系的 DSC 曲线和 10℃·min^{-1} 升温速率下失重曲线及活化能大小发现，21 种配合物均能有效促进推进剂组分 AP 的热分解过程，呈现出良好的催化效果。相比于三唑类和吡唑类配体，四唑类配体由于其结构致密、含氮量高等特点，在分解过程中兼具了高能和钝感的性能，引入的羧基有利于实现氧平衡。该类配合物与 AP 作用的活化能下降最多，更有利于高氯酸铵的分解。

因此，基于富氮含能配体与金属离子构筑性能优异的配合物结构，可调节金属含能配合物的能量与感度之间的关系，为设计合成良好爆轰性能和催化活性的含能材料提供了理论基础和实验依据。